飯店設備管理

（第二版）

陸詳嵐 編著

崧燁文化

目錄

第 3 章 飯店能源管理

第 4 章 飯店設備管理的基本環節

前言

　　設備管理在飯店中是一項綜合管理，涉及飯店管理的每一個環節，並與飯店每一位員工的工作密切相關。設備管理的水平直接關係到飯店的正常運轉、服務質量、經濟效益乃至競爭力。而且，隨著人們環境保護意識的提高，飯店設備管理的範圍延伸到了能源、排汙、生態環境保護等方面的問題。

　　本書從飯店設備管理的特點和現實出發，根據設備管理的基本要求，借鑑國外設備管理的理論和經驗，總結以往教學經驗和研究成果編寫而成。全書分為五章，第一章對飯店設備管理的基本概念、範疇及理論基礎進行了闡述。第二章對飯店的給排水、供配電、製冷、供熱、空調、消防、運送等七大重要設備系統的系統構成、重要設備的運行原理、系統管理要點進行了分析和說明。第三章專門分析了飯店能源管理的問題。能源消耗占飯店運行成本的 15% 左右，能源管理也是飯店環境管理的重要方面，因此，在飯店設備管理中占有重要位置。在瞭解飯店設備的基礎上，第四章和第五章探討了飯店設備的管理內容、方法、原則等問題。第四章按照設備壽命全過程的順序分析了各環節的管理要點，第五章則重點探討了設備管理需要的組織結構、管理體制等方面的問題。

　　限於作者的理論水平和實踐經驗，書中必有疏漏和謬誤之處，敬請讀者不吝指教。

浙江工商大學 陸諍嵐

第1章 飯店設備管理概論

本章導讀

　　本章對飯店設備及設備管理進行了綜述。透過本章的學習，瞭解飯店設備的概況、飯店設備管理的要求及其特殊性。在此基礎上，重點把握飯店設備管理的綜合管理理論、磨損理論，從而為理解本書第四、第五章提出的飯店設備管理的措施、方法、手段打下基礎。

▌第一節 飯店設備概述

一、飯店設備的含義及其分類

　　（一）飯店設備的含義

　　設備是企業固定資產的重要組成部分，是企業的主要生產工具，也是企業現代化水平的重要標誌。在國外，設備工程學把設備定義為「有形固定資產的總稱」，它把一切列入固定資產的勞動資料，如土地、建築物（機房、倉庫等）、構築物（水池、圍牆、道路等）、機器（工作機械、運輸機械等）、裝置（容器、冷卻塔、熱交換器等）以及車輛、船舶、工具（測試儀器等）等都包含在其中。直接或間接參與改變勞動對象的形態和性質的物質資料列為設備的範疇。因此，設備通常是指人們在生產或生活上所需的、可供長期使用並在使用中基本保持原有實物形態的機械、裝置和設備等物質資料。

　　對飯店而言，飯店企業的設備不但具有一般生產企業使用的設備的特性，而且它還具有自己特殊的服務功能。飯店設備不僅是一種生產設備，同時也是飯店產品的重要組成部分，為消費者所使用。另一方面，在飯店的運行中，飯店工程部的管理對象包括了飯店所有固定資產，所以，飯店設備可作如下定義：飯店設備是飯店各部門所使用的機器、機具、儀器、儀表等物質技術裝備的總稱，它具有長期、多次使用的特性，並在會計核算中列為固定資產。

　　（二）飯店設備的分類

《旅遊、飲食服務企業財務制度》將飯店固定資產分為七大類的分類方法，並不完全適用於飯店設備管理的要求。在飯店設備管理中，設備的類別主要根據技術和管理的要求劃分。設備分類的目的是為了便於對設備實施系統管理，明確設備管理的職責和要求。

1. 按設備的系統功能劃分

一個設備系統由若干個單體設備組成，每個單體設備都具有特定的功能，它們被有機地組合在一起，產生某項功能或生產某些產品。飯店所有設備可以分為以下十二個設備系統：供配電系統、給排水系統、供熱系統、製冷系統、中央空調系統、運送系統、消防報警系統、通訊系統、電視系統、音響系統、電腦系統、樓宇管理系統。其中，前六大系統稱為機電設備系統，後六大系統稱為資訊設備系統。

2. 按設備在各系統中的作用劃分

各系統的設備根據它在系統中的作用不同，可分為三個大類：動力設備（主機）、傳輸設備和工作設備。

（1）動力設備（主機）。動力設備（主機）是各系統的核心設備，機電設備系統的動力設備是為系統產生變控動力的設備，例如，發電機產生電能、鍋爐產生熱能、水泵產生勢能等。而資訊設備系統的主機則是系統運行的主要控制設備，例如，電話通訊系統的程控交換機、電腦系統的服務器和火災報警系統的報警控制器等。動力設備（主機）是飯店的心臟，動力設備（主機）的故障或停機往往對飯店的運行造成嚴重影響。

（2）傳輸設備。傳輸設備用於傳輸動力設備產生的能量或傳輸主機發出的各種控制資訊。傳輸設備一般包括管道（傳輸蒸汽、水）、風道（傳輸空氣）和電纜、電線（傳輸電力或資訊）等。傳輸設備在飯店絕大部分是隱蔽安裝的，因此，對這部分設備的管理往往被忽視。

（3）工作設備。工作設備是指各設備系統的末端設備。設備系統的工作設備能直接改變工作對象的形狀或狀態，例如，絞肉機使肉塊變成肉末（形狀改變），製冷機使水降溫（狀態改變），資訊系統的工作設備能處理各種

資訊等。工作設備一般由非工程部員工及住店客人操作或使用，管理難度相對增加。對工作設備的管理水平往往影響到飯店設備的整體管理水平。工作設備應由該設備的操作、使用人員及相應的部門承擔設備管理的職責。

飯店的工作設備根據它們在某一項生產或服務中的共同目的，可歸類成以下七個設備系列：廚房設備系列、洗衣設備系列、清潔設備系列、娛樂健身設備系列、客房設備系列、辦公設備系列、維修設備系列。這些設備系列包含了許多單體設備，它們以各自不同的功能組合在一起，共同實現飯店的某一項生產或服務功能。

3. 按設備的重要性劃分

飯店設備種類多、數量大，在管理中應抓住重點，分清主次。根據設備在生產經營中的重要程度可將設備分成三類。

（1）關鍵設備。飯店的關鍵設備是指在飯店整個的經營過程中起著重要保障作用的設備。一旦這些設備發生故障，將嚴重影響飯店的生產和經營。通常飯店的關鍵設備是飯店各設備系統的動力設備或主機，如變壓器、鍋爐、製冷機組、電梯、消防水泵、程控交換機和火災報警控制器等。

（2）重要設備。飯店的重要設備是指在各個生產經營部門中起著重要作用的設備。這些設備的正常運行是部門或飯店某一功能實現的保證。例如傳菜電梯、洗衣機、風櫃、水泵等。

（3）普通設備。普通設備是指可以被替代的、一旦損壞對整個飯店經營影響較小的設備。飯店設備中的大多數設備屬普通設備。

二、飯店設備的發展簡況

飯店設備是隨著科學技術的進步和人類需求的變化而發展的。飯店的發展主要經歷了四個發展階段：客棧時期、豪華飯店時期、商業飯店時期、現代飯店時期。在不同的發展階段，飯店的設備是不同的，設備管理的要求和目的也存在差異。

（一）客棧時期

在古代，許多人出於政治、經濟、軍事、宗教等目的而從事旅行活動。為了滿足這類旅行活動的食宿需要，世界各地都出現了很多小客棧。這些小客棧遍布於交通要道和大中城市。習慣上，人們把 19 世紀中葉以前飯店業的發展時期稱為客棧時期。當時，客棧向人們提供的是非常簡單的住宿、餐飲條件，設施簡陋，無設備可言，更談不上管理。

（二）豪華飯店時期

19 世紀下半葉，隨著資本主義的發展，飯店的發展進入了豪華飯店時期。在革命後，這種豪華的生活方式和內容便從宮廷流傳到社會，豪華飯店正是在這種背景下應運而生的。因此，這一時期建造的飯店多為模仿宮殿的格局和裝修，是上流社會的社交、活動、休憩場所。凱撒·里茲（Cesar Ritz）是這一時期飯店管理者的代表。當時飯店服務的對象是上層貴族，他們的支付能力很高，對價格不敏感，追求奢侈、豪華、新奇的享受，所以，飯店經營的理念主要是使客人滿意。設備管理的目標是使設備設施完好，能滿足客人的要求，並不考慮設備運行的成本，而且由於受到科技條件的限制，設備的技術含量比較低，設備管理是非常簡單的。

（三）商業飯店時期

19 世紀末，隨著現代旅遊業的發展，飯店的發展進入商業飯店時期。把飯店推進到商業飯店階段的是美國人埃爾斯沃斯·米爾頓斯塔特勒（Ellsworth Milton Startler）。他的經營理念是在普通消費者能夠承受的價格內提供必要的舒適與清潔的服務，即在合理的成本價格控制下，盡可能為顧客提供更多的令人滿意的服務。斯塔特勒建造並經營的第一家正規飯店是舉世聞名的布法羅斯塔特勒飯店。該飯店於 1908 年開業，它在美國首次推出了每間客房附帶浴室的結構，採用規格化、標準化的設計與管理。飯店有 300 間客房，全部配置浴室，房租相當低廉，當時的廣告是：「一間附浴室的客房租金為 1.5 美元。」價格低廉卻能贏利是斯塔特勒的創舉，他由此被譽為現代飯店的鼻祖。現在世界上飯店的配置之所以能如此合理、簡潔，在相當程度上要歸功於斯塔特勒的貢獻，尤其在飯店的設備設施方面，斯塔特勒的飯店至今仍是飯店業的典範。例如，門鎖與門把手合成一體，鑰匙設在門把手的中間，使

客人在暗處也容易打開門鎖；還有如客房內設電話、衣櫃在開門同時能自動照明、客房的浴室內裝大鏡子、飲用水採用專用水龍頭等等，這些都是由斯塔特勒創設的。為實現在客房內安裝浴室的計劃，斯塔特勒首創了用一組給排水管同時供給相鄰的兩間客房的用水形式並在飯店內得到廣泛使用，這就是斯塔特勒管道井。另外，在設備配置上，斯塔特勒大批訂購標準化的器具，利用大規模訂貨的優勢，降低費用。

綜上所述，可以看出，商業飯店時期完全改變了過去的運作模式，飯店面向大眾市場，將服務從「大飯店」式的「奢華」轉變成「商業旅館」的「方便、舒適、清潔、價格合理」。在設備管理方面，採用標準化的設備與家具，大大降低成本，而且便於設備的維修與更新。從這一時期開始，飯店進入了真正的商業運作時期，以追求經營效益為根本目標。

（四）現代飯店時期

二戰後，新的科學技術成果不斷湧現，現代飯店根據市場的需要，將新科技不斷運用於飯店。飯店業進入了現代飯店的發展時期。現代飯店的特點是它有機地融合了豪華飯店和商業飯店的特色，引入最新的科技手段，高效率地為客人提供舒適、安全、清潔的生活、社交、娛樂空間。現代飯店的另一個特點是多功能性，即飯店除了具有基本的食宿功能外，還具有其他的服務功能，如娛樂、商務、會議、康體等。多功能的服務需要多樣化設備支援。為此，飯店的設備設施得到了前所未有的發展。

飯店為了能向客人提供舒適的住宿休息空間，提高管理效率，大量採用先進的設備設施。目前，飯店設備正朝著大型化、高速化、精密化、電子化、自動化、環保型等方向發展。大型化指設備的容量、規模、能力越來越大，如飯店廣泛使用的大功率製冷機。高速化指設備的運轉速度、運行速度、運算速度大大加快，從而使生產效率顯著提高，如飯店的通訊系統、電腦系統等。電子化是指使用以機電一體為特色的新一代設備，目前飯店使用的鍋爐、空調等設備都向這一方向發展。自動化則要求不僅可以實現各設備的自動運行，而且可以實現對設備工作狀態的實時監測、報警、回饋處理。環保型則指飯店設備的設計中包含更多的環保技術，以滿足環境保護的要求。

現代飯店對設備管理也提出了相應的要求。對設備管理人員的要求是技術水平高、綜合能力強、管理效率高、專業素質好。設備管理不僅要考慮技術性，更要注重經濟性。

從飯店設備的發展過程可以看出，飯店設備的發展是隨著飯店經營發展的需要而發展的；在不同的經營理念下，設備的設計、布局是不同的，管理的要求也是不同的。所以，飯店的設備設施是在變化的，管理的要求也隨之變化，沒有一定的模式。飯店只有在實施設備管理的過程中確立明確的經營理念，並在設備管理方面制定明確的原則，才能指導飯店的設備管理活動。

三、飯店設備的特點

飯店設備的特點是根據對目前飯店設備現狀的分析而得出的。飯店設備的特點主要表現在五個方面。

（一）種類繁多，分布廣泛

飯店為了按照國際標準接待國際旅遊者，要依靠自身提供各項服務，以滿足客人住店期間的需要及生產、管理的需要。這樣，飯店逐漸形成了綜合型、多功能的特徵。飯店設備也由此相應形成了種類繁多的特徵。據統計，目前飯店使用的設備達到 500 多種。

飯店設備種類多、數量多的特點給管理造成了較大的困難。因為設備的管理人員要掌握各類設備的技術才能對設備實施良好的維護和管理，而設備技術的專業性又非常強，一般情況下，一位工程師或一位技術人員只能掌握某一項或某一方面的技術，如果飯店的人力資源不能滿足技術多樣性的要求，就會有許多設備得不到良好的維護。

飯店設備分布廣表現為設備遍布在飯店的各個角落，幾乎每一位員工在工作中都要用到有關的設備設施，所以設備管理不僅是工程部的職責，對各個部門都應有相應的要求。設備管理需要全體員工的參與，簡單地說，就是要求飯店的每一位員工都承擔起設備管理的職責。

（二）技術先進，系統性強

形成飯店設備「技術先進」的特徵主要有兩方面的原因：一是住店客人中有相當一部分國際旅遊者，他們在當地的生活水平較高，消費能力較強，為了使他們能得到與其國內的生活水平相當的住宿、餐飲條件，飯店往往以國際標準來建設飯店，直接從國外購買先進的設備來支援飯店的高標準運行；二是飯店設備設施的先進可以提高飯店產品的質量，降低維修費用，為飯店經營帶來良好的經濟效益。回顧飯店的發展可以看到，飯店總是不斷吸收、利用最先進的科技成果並與飯店的經營與服務相結合，體現著人類物質文明的最新發展。

飯店設備具有較強的系統性，某一設備出現故障會影響到飯店設備系統的運行效率，進而影響到飯店的經營。為此，飯店的設備管理要注重技術管理，提高工程人員的技術水平，加強技術培訓。

（三）管線密布，安裝隱蔽

飯店各設備系統的動力設備一般都安裝在後場，尤其是大型動力設備，這些設備產生的動力必須透過各種管線輸送到前場供使用，因此，飯店的管線非常多。飯店為了增加舒適性，在前場區域，管道線路都是隱蔽安裝的。管道線路多，而且隱蔽安裝，給管道線路的維護帶來了困難。為此，特別要加強檔案管理，歸整各類圖紙及其他技術資料，使隱蔽安裝的設備、管道「明朗化」。這是飯店設備管理的一項基礎工作。

（四）投資額大，維持費用高

飯店對設備設施的高標準和多樣化的要求，使飯店在設備設施上的投入較大，一般要占到飯店全部固定資產投資的 35% ～ 55%。

飯店設備維持費用高主要體現在兩個方面：一是能耗大。現代飯店大多採用中央空調系統，普遍使用電氣設備，照明要求高，所以能源消耗量較大，據統計，中高檔飯店的耗能費用一般占總營業收入的 5% 左右。二是維修費用高。飯店採用先進設備，特別是進口設備，而飯店本身又缺乏維修的技術力量，所以飯店在設備維修方面的支出是很高的。因此，設備管理要求對設備的一生進行綜合管理，以使設備壽命週期費用最經濟。

（五）直接構成產品

飯店設備與一般生產性企業使用的設備的最大區別在於飯店設備直接構成飯店產品，設備運行的好壞直接決定了飯店產品質量的優劣。飯店產品一直被認為是一種服務性產品，以人的服務為主，但在實踐中可以看到，飯店設備的服務功能在許多情況下是人的服務無法替代的。例如，飯店中央空調的運行使室內空氣質量達到人體舒適的要求，這是人力所不能及的，許多飯店由於中央空調系統運行不良而造成客人的投訴。

飯店產品由飯店員工的服務和飯店提供的設備設施構成。其中，一部分設備設施是服務的基礎，更多的則直接構成飯店的產品，是飯店產品不可缺少的重要組成部分，所以現代飯店對設備設施的依賴性更大。設備設施的完好程度和運行狀況可直接反映飯店產品的質量、飯店的管理水平和飯店的檔次，飯店設備的這一特徵使設備管理在飯店管理中具有重要的作用。

▎第二節 飯店設備管理概述

一、飯店設備管理的重要性

飯店設備管理是對設備採取一系列技術的、經濟的、組織的措施，對設備的投資決策、採購、驗收、安裝、調試、運行、維護、檢修、改造直至報廢的全過程進行綜合管理，目的是最大限度地發揮設備的綜合效能。

從系統管理的角度出發，飯店設備管理是飯店管理的子系統，是飯店管理的重要組成部分，它融合在各項業務管理過程中。具體而言，其重要性表現在四個方面。

（一）設備管理是飯店提升管理水平的需要

飯店在硬體方面的投入比較大，設備設施配備也比較完善，但飯店功能布局設置不合理，設備管理不善等因素給飯店帶來了較高的運行成本，這對飯店的經營和發展造成阻礙。

　　飯店設備管理是飯店後場管理的重要內容。飯店後場管理如財務、人事等管理工作要求較高的專業性，管理具有相對的獨立性，並且與前場的服務過程沒有直接聯繫。設備管理不同於其他的後場管理工作。它是一項綜合管理，涉及飯店管理的各個環節，並與前場服務關係密切，因此，設備管理水平可以認為是飯店管理水平的一種體現。提高設備管理水平，將有利於飯店整體管理水平的提高。

　　飯店的贏利來自開源和節流，開源與飯店的經營能力、市場開發能力有關，也受到飯店外環境的影響並對人員的素質要求較高，而節流屬於飯店內部管理問題，較少受客觀環境的影響，因此相對容易實施。對飯店的調查發現，飯店在節流方面的潛力是巨大的。例如，目前飯店維持費在飯店的運行費用中占到 15% ～ 25%，以能源費用為主；大部分飯店目前的節能潛力在 25% ～ 50%，而這一節能潛力主要是指透過管理以及做簡單的技術改造就可以節約的能源，因此隨著技術的發展和管理的科學化，節能潛力將更大。

　　目前，由於飯店缺少相關的經驗和技術，設備管理工作落後於其他的管理工作，是飯店管理中的薄弱環節之一。設備管理既有管理的問題，也有技術的問題。因此，提高設備管理水平、提高設備運行效率也是飯店提升競爭力的重要方面。

　　（二）設備管理是提高飯店產品質量的需要

　　隨著人們對飯店認識的深入，飯店產品被賦予了更廣泛的內容，如圖 1-1 所示：

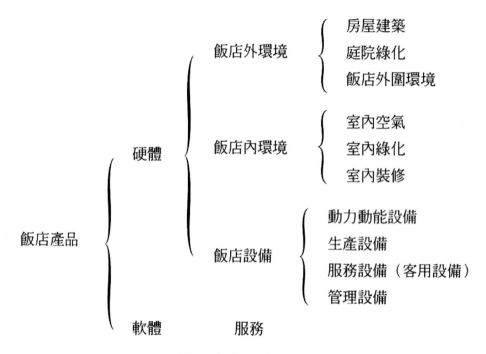

圖 1-1 飯店產品構成示意圖

　　飯店向社會提供服務產品，這一服務產品並不僅僅是由人的勞務活動提供的，其中包含了很多硬體的服務。飯店一部分的物品及設備設施直接構成飯店的產品為客人提供服務，一部分物品及設備設施為員工服務，以提高員工的工作效率和管理效率。良好的設備設施在提供優質服務方面造成非常重要的作用。

　　（三）設備管理是保護環境的需要

　　由於全球環境的惡化，世界各國有關環境保護的呼聲越來越高，環境保護問題成為人們關注的焦點。旅遊與環境保護有著密切的關係，因為旅遊活動的基礎是良好的環境資源。飯店業是旅遊業的三大支柱之一，也是旅遊業中對環境汙染最大的部分，因此，飯店的環境保護對旅遊業的發展意義重大。

　　飯店對環境的影響主要是由設備運行造成的，設備運行消耗能源且排放大量廢棄物，直接或間接導致了環境汙染和生態破壞。飯店能源消耗大，是

由飯店追求舒適性的客觀要求決定的，但設備運行效率高、運行狀況好將有助於降低能源消耗。有許多飯店直接建造在景區，設備設施的運行狀況對景區的環境質量影響極大，所以，加強飯店的設備管理是保護環境、創建綠色飯店的一項重要內容。

二、飯店設備管理的特點

（一）技術性

與飯店的其他管理工作相比，設備管理具有較強的技術性。設備管理的技術性表現在三個方面：管理的技術、設備的技術含量、維護修理的技術。管理的技術主要是指對設備運行管理的資訊收集、統計和分析技術；設備的技術含量是指設備運行及控制中採用的先進技術的多少；維護修理技術則是指在操作維修這些設備中，維修人員需要具備、掌握的如狀態監測和診斷技術、可靠性工程、摩擦磨損理論、表面工程、修復技術等專業知識技術。缺乏上述三方面技術的任何一方面，就無法合理地選購、操作、使用和維護設備。

從目前飯店設備管理的狀況看，上述三方面技術在現實中是非常不均衡的。三者比較，設備含有的技術是最高的，維修的技術次之，管理的技術最差。三種技術的綜合效果最終是由最差的那種技術的效果來體現的。目前設備管理的技術性不強，很多管理都是處於經驗管理的狀態，導致了設備運行效率低下。

（二）綜合性

設備管理的綜合性也表現為三方面：一是多技術的綜合，二是不同內容的綜合，三是各環節的綜合。多技術的綜合是指設備本身包含了多種專門技術知識，是多門科學技術的綜合應用。不同內容的綜合是指設備管理的內容是工程技術、經濟財務和組織管理三者的綜合。設備管理涉及設備採購、計劃調度、人力資源管理、質量控制、經濟核算等許多方面的業務，彙集了飯店多項專業管理的內容。各環節的綜合是指為了獲得設備的最佳經濟效益，設備管理必須實行全過程管理，是對設備一生各階段管理的綜合。

（三）全員性

飯店設備管理需要全員參與，這不僅因為每個員工都是設備的使用者，更因為飯店的各個職能部門都在設備管理中起著重要作用。工程部主要承擔設備的技術管理工作，負責重要設備的運行和維護；設備管理的其他工作，如經濟評價、使用管理等，就要與其他部門配合完成。設備管理只有建立起從飯店最高管理者到基層員工都參與的飯店全員設備管理體系，實行專業技術管理與全員使用管理相結合的管理模式，才能真正做好設備管理工作。

（四）服務性

飯店設備管理的服務性表現為它不僅服務於飯店的生產經營活動，更重要的是設備直接構成飯店的產品，服務於消費者。所以，飯店設備管理要使設備完好、運行正常，還要求確保設備在使用過程中能滿足消費者追求舒適、享受的需要，要求維修及時、完美，要求施工中文明禮貌，這些都是在飯店設備管理中特有的。

三、飯店設備管理的目標

飯店設備管理應實現四個方面的目標：設備完好、節能降耗、滿足客人要求、取得良好的投資效益。

（一）設備完好

設備完好是飯店經營的基礎，設備的完好程度是由使用時間和使用狀況決定的。飯店一旦落成，設備投入使用，磨損就開始了。所以，透過在設備的全壽命週期實施有效的設備維護保養，確保設備的完好是設備管理的首要目標。設備的完好依靠員工的正確使用和工程人員有計劃、科學的設備維護工作。

（二）節能降耗

飯店設備的能源消耗水平關係到飯店的經營效益和環境保護狀況，所以對設備能源消耗的管理是設備管理的重要內容，節能降耗是設備管理的重要目標之一。節能降耗一方面透過管理來強化員工的使用和操作規範，使設備

合理運行，從而降低能耗；另一方面透過技術的引進和對設備的改造，降低設備固有的耗能量來實現。

（三）滿足客人需求，提高舒適感

客人住店除為滿足基本需求外，還追求舒適感，不同的舒適程度決定了飯店的檔次。技術的發展和新能源的使用為飯店提高舒適度帶來更大的空間。飯店硬體的舒適度表現在兩個方面：視覺的舒適感和使用的舒適感。視覺的舒適是很重要的，它是留給客人的第一印象，是飯店形象的體現。視覺的舒適感是由飯店的設計決定的，但在經營過程中，它又取決於飯店的維修保養水平。有許多飯店維修保養工作不到位，未能保持原有的設計思想，降低了設備的舒適感。使用的舒適感表現為設備的使用是否簡單、方便、滿足功能要求。有的飯店使用的設備不易操作和使用，給客人帶來不便，更多的情況是設備由於維護保養不力，無法滿足客人的需要，甚至帶來不安全因素。所以，滿足客人的需要，提供舒適的住店環境，是設備管理以至全部飯店管理工作的永恆目標。

（四）取得良好的投資效益

取得良好的投資效益是以提高經濟效益為中心的思想在設備管理上的體現，也是設備管理的出發點和落腳點。設備的投資效益決定了飯店整體的投資效益。應該說，對設備的投資行為本身不產生效益，對設備投資是希望借助設備提高飯店運行效率、管理水平和服務質量，因此，它的效益是間接的，是要進行系統分析、綜合管理才能實現的。

四、飯店設備管理的基本原則

（一）規劃、購置和使用相結合

設備規劃是指設備在購買前根據飯店的經營目標和發展戰略，制定設備規劃方案，並進行論證和決策的過程。設備規劃應注重設備的選型、設備的技術性與飯店人員素質、經營檔次的適應性，設備的經濟效益評價，設備在飯店中的作用，以及設備安裝、運行人員的安排等問題。設備的購置是對設備投資決策的執行。它包括對設備貨源市場的調查，收集其他企業設備的使

用資訊，與設備供應廠商的接洽談判，設備的詢價、報價、訂貨，設備採購合約的簽訂及設備的購買等工作環節。設備的使用是指設備在一定負荷下運轉並發揮其功能的過程。

設備規劃、購置和使用相結合的管理原則是指所購設備應與飯店運行要求和標準一致，符合使用的要求。目前，設備規劃、購置與設備使用存在嚴重的分離。首先，由於飯店建造期的管理者與飯店運行期的管理者往往不是同一人，相互之間又缺乏溝通，不同的管理思路和要求使前期做的設備規劃和購置不能滿足後期的設備使用要求。其次，在飯店運行過程中，設備的規劃由飯店最高管理層實施，購置由採購部門實施，這兩個過程沒有很好地吸取工程管理部門和設備使用部門的建議和要求，也沒有嚴格按照飯店的經營要求來決策，造成設備「購而棄之」的現象。第三，在飯店經營期間，飯店管理者的頻繁更替，使管理者追求短期效應，也會造成規劃、購置與使用的脫節。因此，在設備管理中，必須堅持規劃、購置和使用相結合的原則，只有這樣才能做到設備合理配置、使用，發揮設備的綜合效能，取得良好的投資效益。

（二）維修和計劃保養相結合

設備的維修是指為恢復設備的功能和精度而採取的更換或修復磨損、失效的零、部件，並對整機或局部進行拆裝、調整的技術活動。設備維修一般在設備發生故障後進行。計劃保養是在設備發生故障前進行，一般根據設備的故障規律，透過對設備運行狀態監測結果的分析，制定維修保養計劃，然後按照計劃實施維修保養工作。因此，維修和計劃保養在具體的工作內容上是相似的，但在實施的時間和工作的目的上是不同的。維修在設備發生故障後進行，目的是使設備盡快恢復功能；計劃保養在設備發生故障前進行，目的是使設備不發生故障，體現的是「預防為主」的設備管理思想。維修和計劃保養相結合可以有效地預防設備的非正常老化，減少設備的意外故障，長期保持設備的功能，充分發揮設備的效能，延長設備的使用壽命。

目前，有的飯店在設備管理中，沒有將維修和計劃保養有機結合，常有兩種表現。一種表現是飯店前場使用的設備沒有得到正確使用、精心維護，

故障率較高。工程部忙於前場設備的應急維修，無暇顧及保養計劃的實施。另一種表現是工程部沒有制定保養計劃，即使維修工作不多，也沒有實施計劃保養。

維修和計劃保養相結合要求計劃保養建立在對維修工作的統計分析基礎上，所有設備都應實施計劃保養。計劃保養可以分為不同的等級要求並與各部門的設備管理工作相結合。維修和計劃保養是相輔相成的，計劃保養可以減少維修，維修是制定保養計劃的基礎，兩者有機結合不僅可延長設備使用壽命，還可降低設備維修保養費用。

（三）修理、改造和更新相結合

設備修理是指修復由於正常或不正常原因造成的設備損壞和精度、性能的劣化，是延長設備使用壽命、維持正常生產的有效措施。修理是在原設備上進行的，可以充分利用許多原有的零、部件，節約原材料使用，是一種比較經濟的行為。但修理只是一種局部性補償，無法補償由於技術進步引起的設備無形磨損，因此結合修理，特別是結合設備大修理進行設備改造，不僅可以補償設備有形磨損，而且可以補償設備的無形磨損，提高設備的性能。對於難以修復或進行修復在經濟上已經不合理的設備應及時進行更新。

實行修理、改造與更新相結合的原則是恢復和不斷改善、提高現有設備素質，適應經營需要，降低設備維持費的有效途徑。修理、改造與更新相結合要求根據設備的狀態，修理費用、設備現值與重置價格的比較，確定改造更新的必要性和可行性，編制改造、更新計劃，及時實施改造和更新。飯店設備的改造和更新還有一個特殊意義：飯店設備設施，尤其是客用設備具有享受的因素。設備在購置幾年以後，其使用價值雖沒有很大的變化，但其外觀已陳舊，降低了享受性，可能會影響飯店對客人的吸引力，降低飯店的經濟效益，所以對設備合理的改造更新非常重要。

（四）專業管理和全員管理相結合

設備的專業管理是指飯店工程技術人員對設備的管理；全員管理是指飯店所有部門的有關員工，包括飯店的各級管理層以及設備的操作、使用員工

共同參與的管理活動。專業管理主要針對飯店重要設備的維修和保養，全員管理主要針對各工作設備的使用和清潔。工作設備在飯店內數量多、分布廣，工作設備的故障是飯店應急維修的主要工作內容。員工正確使用、保養工作設備將減少工程部應急維修的工作量，使工程部的專業維修和保養能順利進行，從而保障飯店關鍵設備和重要設備的正常運行。專業管理與全員管理相結合可使飯店的設備管理形成網絡和層次，確保設備的正常使用和維護。

（五）技術管理和經濟管理相結合

設備是物化了的技術，也是物化的資金，所以對設備既要實施技術管理又要實施經濟管理。設備技術管理的目標是保證設備的良好素質和技術狀態。設備經濟管理的目標是追求最佳的設備壽命週期費用，兩者相結合可促使設備獲得較高的效能，從而達到良好的設備投資效益。

五、飯店設備管理存在的主要問題

（一）飯店設備利用狀況較差

由於設備規劃、購置和使用沒有得到有機結合造成飯店投資失誤的事例時有發生。例如在飯店開業初期購置了大量設備，結果在運行中許多設備因不能滿足功能的要求而閒置。一般情況下，飯店單獨為設備的採購進行決策時是比較謹慎的，但在經營項目調整、飯店裝修等特殊時期比較容易忽視設備採購的管理問題，因為服務項目的變動必然會導致設備設施的變動，往往造成設備的閒置和浪費。整體而言，設備利用率較低體現在以下三個方面。

1. 設備採購不合理

設備採購不合理現象普遍存在，不少飯店設備擁有量大於生產需要量，對充分利用已安裝的設備沒有緊迫感。可用設備不用是一種極大的浪費，並將對飯店的投資效益產生影響。設備採購不合理可歸納為以下四種情況：

（1）設備選擇不當，質量不好，飯店也不對其進行改造，閒置一邊。

（2）設備質量雖好，但性能與飯店的生產流程不符，無法利用。

（3）設備雖能利用，但同型號設備數量太多。

（4）由於未掌握設備的使用技術，設備不能發揮應有的功能，只得棄之不用。

2. 在用設備運行時間不足

飯店有部分在用設備未充分運行，除連續作業的設備外，一般的設備利用率只有 30% 左右。其中有許多設備價格昂貴，但利用率低，其投資無法靠設備運行的收益回收。

3. 設備運行負荷不足

在用設備在運行過程中其負荷通常不飽和，「大馬拉小車」現象非常普遍。

設備使用效益不高的主要原因是：

（1）部分設備屬無償占用，其配置主要靠國家或上級單位的撥款，飯店為爭設備投資，貪大求全求樣求多，致使設備閒置積壓，固定資產日益增多，而發揮的效益卻未因設備的增加而相應增加。

（2）在飯店內部不考核設備利用效果，做小而全。

（3）只注意提高設備的擁有量，不注意提高設備的素質和改變設備的構成狀況。

（4）設備購置不慎重，缺乏嚴格的審批程序和要求，以致選型不合理或因設備不符合生產需要而閒置。

（5）飯店缺乏一個比較合理的、穩定的中長期設備更新改造規劃。

（6）在飯店設計過程中，設計人員不熟悉飯店的經營特點，為了強調安全性等原因，在設計時往往放大設備容量，直接導致運行中的設備浪費和能源浪費。

（二）設備壽命週期費用高

長期以來，飯店對設備壽命週期費用缺乏認真的核算和有效的考核，飯店設備壽命週期費用過高的現象普遍存在，主要表現在以下幾方面。

1. 維修作業計劃缺乏科學性

忽視對設備的科學管理，強調行政組織措施，如大檢查等，不注意實際效果。在實際工作中既有死搬修理間隔形成過剩修理，浪費維修費用的現象，也有盲目拼設備，使設備失修造成過多的故障損失的現象。相對而言，由於管理體制存在的問題，飯店管理者的短期行為嚴重，拼設備的現象比較突出。

2. 維修成本缺乏核算

飯店普遍對設備維修的成本核算和經濟考核不重視。飯店的維修工作中有一部分是應急維修，應急維修關係到經營的正常進行，飯店管理者往往對此不惜代價；同時，由於維修工作也很難制定準確的定額和成本標準，所以逐漸形成只保證設備運轉忽視維修成本的習慣。但是對後場的大型設備的計劃維修，由於需要投入一定量的資金，飯店又相對顯得過分謹慎，不願投資，常常認為只要設備能運轉就行，使許多重要設備處於缺乏維修的狀態。

3. 能源消耗大

飯店能源消耗大有三方面的原因：在管理上，飯店對能源消耗缺乏有效的統計、分析和考核；在設計上，飯店缺乏實際經驗的指導，超容量設計的情況普遍存在，而且許多設計不合理，直接造成了運行中的能源浪費；在使用中，節能意識不強、維修不力等原因也造成了能源的大量浪費。

（三）設備管理缺少規範

飯店在設備管理方面相對缺少管理規範，大多是憑經驗管理，而許多「經驗」又是相當不完整的，甚至是落後的。管理規範的制定需要有具備相應技術和管理經驗的人員參與，但由於目前工程管理人員缺乏，這方面的工作很難開展。同時，飯店其他部門不明確對設備管理的責任，沒有建立相應的制度，普遍認為設備管理僅僅是工程部的責任。

（四）工程部的技術力量不足

工程部的技術力量可以從兩方面獲得，一是飯店自己擁有，二是透過市場提供。技術力量的培養需要一個長期過程，因此，要求飯店擁有較強的技

術力量有一定的困難。隨著飯店的增加，專業飯店工程技術人員顯得越來越不足，另外，飯店自己培養技術人員也缺乏條件而且成本很高，所以透過市場提供技術力量是飯店設備管理發展的一個方向。所謂市場提供技術力量是指委託專業的設備維修公司進行設備的維護保養，飯店支付相應的費用。飯店設備維護、檢修市場化這種方式使設備能得到非常專業的養護和維修，有利於設備的良好運行，實踐證明，這種方式也利於飯店降低成本。

（五）設備管理的組織機構不完善

飯店一般設有工程部，它是和客房部、客務部等部門同級的部門，但也有的飯店將工程部作為二級部門來考核和管理，這在組織機構上就降低了設備管理的力度。事實上，飯店的設備管理需要實施綜合管理，它與各個部門的業務開展有著密切的關係，需要統一協調。所以，在設備管理方面，飯店需要建立健全統籌協調的組織機構，如設立飯店設備管理委員會或設立工程總監等，使設備管理得到有效實施。工程部應是一個飯店的保障部門，主要實施的是設備的技術管理，而不是一個後勤服務部門，做各種瑣碎的雜事。明確工程部的職責並建立設備管理組織機構是飯店設備管理工作的前提。

第三節 飯店設備管理的基礎理論

一、設備壽命週期費用

（一）設備壽命的含義

一般情況下，設備的壽命是從設備的研究設計開始的，是經過設計、製造、投放市場、用戶選購、安裝、運行、維修、改造，直到報廢為止的全過程，共經歷四個階段：研究設計階段、生產製造階段、選購安裝階段和投產運行階段。飯店由於不製造設備，所以，飯店設備的壽命往往是從設備的投資決策開始，經購買、安裝調試、移交生產、正式投產、維護保養、維修改造，到報廢更新為止的全部時間，即只經歷選購安裝階段和投產運行階段，這兩個階段構成飯店設備的壽命週期，如圖 1-2 所示。

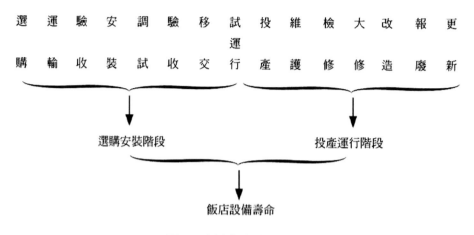

圖 1-2 飯店設備壽命示意圖

（二）設備壽命的分類

飯店設備的壽命根據管理的需要可以從四個角度來認識。

1. 物質壽命

設備的物質壽命又稱自然壽命或物理壽命。它是指設備從全新狀態開始，由於物質磨損而逐漸喪失工作性能，直到不能使用而報廢為止的全部時間。設備的物質磨損可以透過維修、更新得到補償，從而延長設備的物質壽命。在一般情況下，隨著設備的使用，維持費用將增加，設備的技術狀況不斷劣化，所以，過度延長設備的物質壽命在經濟上、技術上是不合理的。

2. 經濟壽命

設備的經濟壽命又稱價值壽命，它是指設備從運行開始到由於磨損而需要維修在經濟上已不合算為止的時間，即設備的最佳使用年限。設備經濟壽命的長短直接關係到飯店經營的成本。一般情況下，設備的經濟壽命越長，經營的成本會越低。如果對設備使用維護得力，設備設施在提完折舊以後還可以正常地運行，這時，飯店的經營成本將降低，飯店在價格上將會具有較大的競爭優勢。

3. 技術壽命

設備的技術壽命是指設備從研製成功，到因技術落後被淘汰為止的全部時間。當前，科學技術的迅速發展，特別是微電子技術和電腦技術的發展，促進了機電產品、電子產品的不斷更新換代，使設備的技術壽命逐漸縮短。由於飯店對設備的先進性的要求，技術壽命的縮短將導致飯店經營成本的增加。所以，在對設備進行投資決策時，必須把設備的技術壽命作為一個重要的因素來考慮。

確定飯店設備的技術壽命的依據並不完全在於技術的市場壽命，主要是以飯店經營管理對設備的技術要求為主。飯店經營對設備的技術要求是指該技術能為管理提供方便，降低成本，提高效率以及提高飯店產品和服務質量。技術只要能滿足這一要求即可，對技術要求過高是一種浪費，會導致投資和費用的增加。

4. 折舊壽命

設備的折舊壽命是指設備根據規定的折舊率和折舊方法進行折舊，直到設備的淨值為零的全部時間。設備的折舊壽命不同於物質壽命，設備在飯店的固定資產帳面上的淨值可能已經為零，但其物質壽命還存在；也可能規定的折舊壽命未到，而設備的物質壽命已經結束。各飯店可以參考國家規定的各類設備的折舊年限範圍，從本企業的實際情況出發，為各類設備確定一個合理的折舊年限（即折舊壽命）。

確定設備折舊年限時，應綜合考慮以下三方面因素：

（1）統計歷年來報廢的各類設備的平均使用年限作為確定設備折舊年限的主要參考依據之一；

（2）將產品的換型週期作為設備折舊年限的重要參考依據；

（3）考慮設備運行負荷的高低、工作環境條件的好壞對設備使用年限的影響。

（三）設備壽命週期費用

1. 設備壽命週期費用的定義

設備的壽命週期費用（Life Cycle Cost，縮寫為 LCC），也叫做全壽命費用，是指設備在整個壽命週期中發生的所有費用。設備壽命週期費用由兩部分構成：設置費和維持費。設備的設置費（也稱原始費，用 AC 表示）包括設備購買時支付的購置費、運輸費、安裝調試費等，是設備的最初投資，其特點是一次支出或者集中在比較短的時間內支出。維持費（也叫使用費，用 SC 表示），包括了設備正式運行之後產生的所有費用。如飯店要支付員工的工資福利、管理費、能源費、維護費、修理費、發生故障時造成的設備損失和停產損失費、設備改造費等。其特點是定期多次支付，以保證設備的正常運行。設備壽命週期費用可用下式表示：

設備壽命週期費用＝設置費＋維修費，即 LCC ＝ AC ＋ SC。

設備壽命週期費用的構成，如圖 1-3 所示。

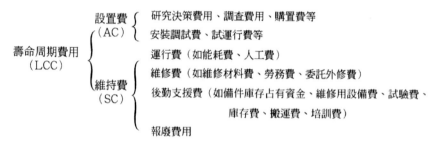

圖 1-3 設備壽命週期費用構成示意圖

2. 研究設備壽命週期費用的意義

研究設備壽命週期費用，對於改善設備管理，提高經濟效益具有現實意義。第一，對於使用壽命較長的機器設備，不論其技術水平如何，也不論是生產設備或者是生活中的耐用消費品，在設備一生的費用支出中，使用階段的維持費都占有很大比重，一般總是大大高於設置階段的費用支出。因此，無論是自行設計、製造設備或是從市場上選購設備，都不能著眼於初期設置費用的高低，而要注意分析、研究設備在使用階段維持費用的大小，否則就會「因小失大」，導致設備使用過程中費用上升。設備壽命週期費用的觀點是指導設備經濟管理的基本觀點。運用這一觀點來全面、系統地實施設備管

理，就能以較少的支出創造較多的產出，從而獲得良好的經濟效益。第二，設備的規劃、設計對設備使用階段維持費用的大小具有決定性的影響。因為在規劃、設計階段，設備的規格、參數、性能、整體布局與具體結構就已確定，這就從整體上決定了設備的技術參數、生產效率、能耗大小、可靠性與維修性的優劣以及維修費用的高低。所以，為了獲得合理的設備壽命週期費用，設備的規劃設計階段必須在考慮設備技術性能的同時，綜合考慮降低維持費用的要求。

二、設備綜合管理

（一）設備綜合管理理論

設備綜合管理理論是在設備維修的基礎上，為了提高設備的管理水平與設備運行的經濟效益和社會效益，針對設備管理中存在的問題，運用設備綜合工程學的成果，吸取現代管理理論（如系統論、控制論、資訊論等）、經營理論、決策理論，綜合現代科學技術的新成就（故障理論、可靠性工程、維修性工程等）而逐漸發展來的一個新型的設備管理理論。當前，設備綜合管理理論逐步在飯店企業中得到運用，並在運用過程中結合飯店設備的特徵，形成了飯店設備管理的理論基礎。

1. 飯店設備綜合管理的定義

飯店設備綜合管理可定義為：以飯店的經營目標為依據，運用各種技術的、經濟的、組織的措施，對設備從投資決策、採購驗收、安裝調試、使用維護、修理改造直到報廢為止的運動全過程進行綜合管理，以追求最經濟的設備壽命週期費用和最高的設備綜合效率的管理過程。

2. 飯店設備綜合管理的具體含義

（1）以飯店的經營目標為依據

飯店經營目標是飯店管理工作開展的依據。一般情況下，飯店經營的目標是獲得收益，也有的飯店在一定的時期內還有其他的經營目標，如獲得市場占有率、完成行政接待工作等。不同的經營目標對設備管理提出了不同的

要求。以獲得收益為目標的飯店，設備管理工作應服從效益原則，追求良好的設備綜合效益，即在一定投入的基礎上，獲得最大的產出。高投入應獲得高產出，低投入則產出可以低一些。設備管理是一種職能管理，不是業務管理，它本身不直接產生利潤，但透過管理可以保障業務的正常進行，這一點在任何飯店都是相同的。設備管理以經營目標為依據主要表現在飯店設備的決策、採購等管理環節上。飯店有不同的星級，針對不同的客源市場，所以，設備的設置應是不同的，這種不同主要表現為為客人提供的產品的豪華程度的不同，而在其他方面，如在安全、清潔、舒適上的要求是相同的。在飯店的經營管理活動中，低星級飯店購置豪華的客用設備，高星級飯店使用性能較差的設備的現象屢見不鮮，這就不符合以經營目標為依據的管理原則。

（2）設備的全過程管理

按照系統論的觀點，設備管理應把設備的一生作為一個整體進行綜合管理，追求最經濟的設備壽命週期費用和最高的設備綜合效益，而不是單純地考慮設備管理某一個階段的經濟效益，如採購階段、安裝階段等。

目前在飯店的設備管理中，設備的投資決策、使用、維護、報廢等環節缺乏有效的管理和溝通，使得在設備設施上的投資效益較差，浪費較大。這種現象的產生是由於長期以來飯店內部的許多管理人員都認為設備管理是設備部門的責任，與其他部門無關。在這一認識的指導下，飯店其他部門在設備管理方面的意識比較淡薄，只是用設備，幾乎很少對設備實施管理。飯店的職能部門也認為設備管理的一切工作都屬於設備部，很少行使在設備管理方面的職責。

設備管理應是一項全員管理工作，飯店應把與設備有關的機構和人員組織起來參與設備管理。全體員工都是設備的使用者，應正確使用、精心維護設備；各職能部門應發揮職能部門的作用，為設備管理提供必要的資訊和資源。與飯店設備有關的人員不僅包括飯店全體員工，還包括飯店的住店客人。雖然飯店很難約束客人的行為，但可以透過員工的服務引導客人，甚至制定必要的規範來制約客人的行為。

（3）運用技術、經濟、組織的措施實施設備管理

設備管理運用技術的措施是指要引入先進的設備控制技術，提高設備的自動化程度和運行效率；運用經濟的措施是指設備管理要注重設備投入產出分析和投資收益分析；運用組織的措施主要指設備管理要有合理的管理機制。

設備運行涉及技術、經濟、組織等方面的問題，所以設備管理中的技術管理、經濟效益分析和組織機構狀況是相輔相成、密不可分的。有效的技術管理和經濟效益分析依賴良好的組織機構建設，這是使設備管理有序進行的前提和保障；而技術管理和經濟手段是一個問題的兩個方面，需要權衡考慮，在管理中，無論傾向哪一方面都會對管理的綜合效益產生影響。

在飯店設備管理網絡中，決策者、管理者、計劃和核算人員，以及工程師、維修工分別屬於管理、經濟和技術三方面的人員，由這三方面人員共同參與設備管理，是目前設備管理的重要特徵之一。

當飯店發展比較成熟時，飯店的設備管理會比較簡單，可以更多依賴市場服務實現，工程管理將更注重設備維護、能源管理、環境管理等方面，這樣，設備管理方面的工作內容就有所減少，但目前運用這三方面的措施實施設備管理是非常必要的。

（4）追求最經濟的設備壽命週期費用

設備綜合管理的目標在經濟上表現為追求最佳的設備壽命週期費用，最佳的設備壽命週期費用的取得要透過對設備全過程實施管理才能實現。

在設備的規劃階段，可以對設備的壽命週期費用進行初步估算，並把設備的壽命週期費用作為規劃設備項目、評價不同方案的主要依據。在設備的使用階段，可以透過對構成壽命週期費用的重要部分——使用費、維修費、後勤支援費等進行嚴格的管理、統計，監督、控制各項費用的形成，驗證設計（購置）階段所規劃的費用參數，尋求降低維持費用的有效途徑。設備壽命週期費用也可用來確定設備使用的經濟壽命，還可以用來對設備的修理、技術改造或更新方案進行評價和選優。設備壽命週期費用的理論和方法既是一種先進的管理方法，也是一種實用的決策技術。因此在設備一生的各個階

段都可以運用這些理論和方法來提高管理水平、進行科學的決策，以取得良好的經濟效益。

（5）追求最佳的設備綜合效率

壽命週期費用的研究成果為設備的經濟管理提供了理論依據和指導。但是，設備壽命週期費用只反映了設備在價值形態上的投入狀況，為了全面評價設備的效益，還需要考慮設備的產出狀況。以相同的壽命週期費用獲得更大產出的設備，才是經濟效益好的設備，因此要對設備綜合效率進行評定。

設備綜合效率是對設備效率的綜合評定。對設備的綜合效率進行評價，需要運用系統工程的原理。設備評價是一個複雜的系統，因為它的產出涉及許多方面，如對於生產設備，其綜合效率通常採用以下六個方面的指標來進行評價：

①產量：要求設備生產的產品數量多，即生產效率要高；

②質量：要求設備生產的產品質量高；

③成本：要求設備生產的成本要低，即設備的能源和原材料消耗要少；

④交貨期：要求設備的故障少、生產週期短，能準時交貨，及時獲得零部件；

⑤安全：要求設備的安全性好，對環境沒有汙染，能保證文明生產；

⑥人機搭配：要求機器設備與人員之間搭配恰當、關係協調，能使操作人員情緒飽滿、幹勁旺盛。

可見，評價設備的使用效果時，不是孤立地、片面地追求某一方面、某項指標，而是要考慮使用設備的綜合效率。

採用上述六個指標評價生產設備的綜合效率是適宜的，但是，對廣義的設備系統（比如提供勞務服務的設備），這些指標就不一定確切，需要把評價生產設備綜合效率的概念加以延伸和擴展，採用系統效率來表示設備系統的輸出。所謂系統效率（System Effectiveness，略寫為 SE），是指投入壽

命週期費用後,設備系統所取得的效果。系統效率可以用產量、產值、利潤,也可以用開動率、可靠性、維修性、舒適性等指標來表示。

在評價設備綜合效益的過程中,還需要評價費用效率。所謂費用效率(Cost Effectiveness,略寫為 CE)是指設備系統所獲得的系統效率與所支付的壽命週期費用的比值,即設備系統的投入與產出之比。

$$費用效率(CE) = \frac{系統效率(SE)}{壽命週期費用(LCC)}$$

這個指標既考慮了設備的投入,也考慮了設備的產出,並使兩者(費用與效果)之間保持最佳的對應,因而是一個更為全面、合理的綜合評價指標。

(二)飯店設備的全員管理

許多管理者認為,飯店設備管理的主體是工程技術人員和維修工人。這種觀念是片面的,它考慮的只是與設備運行和維修工作有直接關係的群體。因為僅僅從維持設備的正常運行這一點來看,有關的群體就不僅是工程技術人員和維修工,而且還有設備的使用人員以及住店賓客(使用者)這一群體。從設備綜合管理的角度出發,飯店設備管理的主體是:飯店各級員工,包括計劃核算員和決策者、工程技術人員和維修人員、使用部門員工以及與設備有直接聯繫的消費者(賓客)等的全部人員,如圖 1-4 所示。

在飯店設備管理網絡中,賓客是特殊的群體,它不屬於飯店管理體制的組成部分,但是他們以消費者或被服務者的身分出現,與飯店設備管理工作的正常進行密切相關。當他們以消費者的身分出現時,他們在使用、操作設備時與飯店的配合程度,直接影響著設備的使用壽命和完好率。當他們以被服務者的身分出現時,他們對設備的完好和質量都有親身的感受,可以向服務者提供有關設備是否完好和質量優劣的資訊,這些資訊的表現形式或是投訴,或是建議,或是讚揚。這些都對飯店設備管理起著一種特別重要的作用,因此他們是飯店設備管理主體中一個不可或缺的組成部分。

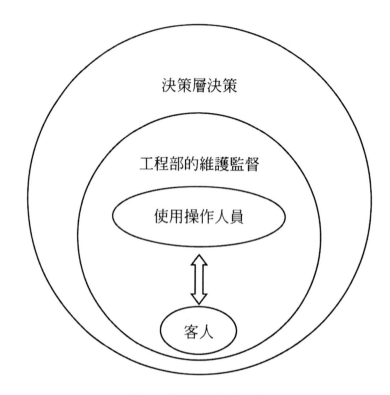

圖 1-4 設備管理網絡示意圖

　　有部分飯店認為是客人素質較低導致飯店設備、設施損壞嚴重。但透過調查發現，這些飯店提供給客人的設備設施本身就存在很多缺陷，給客人的使用帶來很大障礙，客人不得不採取「措施」以滿足自身需要。例如，客房洗手間的浴缸排水不暢，影響客人的洗漱，客人就會透過「破壞」浴缸塞來滿足需要。所以，設備管理中要求「客人的配合」首先設備設施要達到滿足客人需要這一基本要求，客人使用方便，才能取得客人的配合和諒解。

　　服務、操作人員也是設備管理網絡中的重要組成部分，他們應熟知設備使用方法和使用注意事項，並及時向賓客介紹這些常識，以免不熟悉設備使用方法的賓客誤操作而損壞設備。在服務人員的日常工作中還常常承擔某些設備的外觀清潔和一般性維護工作，這對設備的保養是十分重要的。

服務、操作人員對設備的使用和維護狀況決定了飯店設備完好的狀況。由於服務人員和操作人員不瞭解設備使用和操作要求，使設備頻繁出現故障，給飯店工程人員帶來非常多的維修工作，這些應急維修擠占了工程部本該用於重要設備的計劃維護保養時間，使計劃維護保養工作無法正常進行，這又進一步導致重要設備的故障率提高，給飯店帶來更大的損失。要改變這一局面，唯一有效的辦法是實施全員設備管理，減少因設備使用不當造成的維修和損失，同時強化工程部的首要職責——設備的計劃維修，實現大型、重要設備的良好運行。

三、設備磨損理論

設備在長期使用過程中會發生各種磨損，以致技術性能降低，不能滿足生產要求。與此同時，設備本身的價值降低，維持費升高。

（一）設備磨損的分類

在設備管理中涉及的磨損是廣義的，含有磨損、貶值、陳舊等意思。設備的磨損一般有兩種形式：有形磨損與無形磨損。

1. 有形磨損

能夠被感知到的設備磨損是設備的有形磨損，有形磨損又稱為物質磨損。有形磨損分為兩種：機械磨損和自然磨損。

一臺設備在投入運行以後，其零、部件就會發生摩擦、振動和疲勞等現象，這會使設備的實體受到磨損；如果設備要透過介質進行做功（如鍋爐要把水燒成蒸汽；冷凍機要把製冷劑壓縮成高壓高溫液體），就會受介質的熱和化學作用而產生變形、腐蝕等現象；若操作不當，還會使設備受損。這些情況的磨損統稱為機械磨損，又叫做第Ⅰ種有形磨損。設備購置後，即使不使用，由於自然力的作用，或保管不善，設備零件與周圍介質接觸，會因生鏽、變形而受損傷，以至喪失精度和工作能力，這種損傷稱為自然磨損，又叫做第Ⅱ種有形磨損。

第 I 種有形磨損與使用時間、工作負荷和操作狀況有關，第 II 種有形磨損與閒置時間、保管方法和周圍環境有關。設備有形磨損的磨損程度可以用下式來計算：

$$\alpha_1 = \frac{F}{K_1}$$

式中，α_1：設備有形磨損程度；

F：修復全部磨損零件的修理費；

K1：在確定設備磨損程度時該設備再生產的價值。

公式中的 K1 值不用設備的原值，因為修理費用與設備的自身價值必須用同一時期的價值方能比較。從經濟角度分析，設備物質磨損程度指標不能超過 $\alpha_1 = 1$ 的極限。

2. 無形磨損

設備在使用過程中，除了有形磨損，還發生無形磨損，這種磨損又稱精神磨損。無形磨損也分為兩種形式：由於相同結構設備再生產價值的降低而造成原有設備價值的貶值，叫做第 I 種無形磨損。第 I 種無形磨損又稱為經濟磨損。由於出現了性能更完善、效率更高的設備而使原設備顯得陳舊和技術落後而產生的經濟損失，叫做第 II 種無形磨損。例如：黑白電視機剛試製成功投放市場時，價格比較高，但隨著生產的發展，技術的進步，電視機的製造成本迅速降低，飯店以前買的電視機無形中就貶了值，這就是第 I 種無形磨損。後來出現了彩色電視機，如果現在客房裡還是黑白電視機，那就會顯得陳舊和落後，降低飯店檔次，這是設備的第 II 種無形磨損。無形磨損常採用價值指標來衡量。在技術進步的情況下，利用設備價值降低係數來表示無形磨損的磨損程度。其計算公式是：

$$\alpha_2 = \frac{K_0 - K_1}{K_0} = 1 - \frac{K_1}{K_0}$$

式中，α2：設備無形磨損程度；

K0：設備的原值；

K1：在確定設備磨損程度時該種設備再生產的價值。

3. 綜合磨損

實際上，在任何時候設備的有形磨損和無形磨損都是同時發生的。因此，要結合設備兩種磨損的綜合指標來計算設備的磨損程度。設備有形磨損後的殘餘價值用原始價值的比率表示為 1 － α1；設備無形磨損後的殘餘價值用原始價值的比率表示為 1 － α2；兩種磨損同時發生後的設備殘餘價值為 1 － α1 和 1 － α2 之積。由此可得設備綜合磨損程度的公式為：

$$\alpha = 1 - (1 - \alpha_1)(1 - \alpha_2)$$

式中，α：設備綜合磨損程度；

α1：設備有形磨損程度；

α2：設備無形磨損程度。

設備在兩種磨損作用下的殘餘價值 K 可用下式計算：

$$K = (1 - \alpha)K_0$$

將 α 值代入上式得：K ＝（1 － α）K0 ＝ K1 － F

從上式可見，設備在綜合磨損下的殘餘價值 K 等於確定設備磨損程度時該設備再生產的價值減去修理費用。

（二）設備的磨損規律

機械設備磨損狀況有一定的規律可循，這就是磨損規律，運用磨損規律可以指導飯店設備管理實踐。磨損規律是透過研究機電設備而得的，機電設備一旦投入使用，它的零件就會產生磨損，其磨損量的變化是不均勻的，它因工作條件、零件質量和運動特性的不同，隨時間而變化，但遵循著一定的

規律。磨損規律描述的是磨損量的變化與設備使用時間之間的關係，如圖 1-5 所示。

設備的機械磨損按磨損量增長的速度可分為三個階段。

1. 磨合磨損階段（I）

一般情況下，設備的零件在加工、製造過程中，無論經過何種精密加工，其表面總有一定的粗糙度。當設備開始使用時，在互相配合做相對運動的零件表面，會由於受到摩擦而磨損。這種磨損使設備的零部件得到磨合，所以這一階段稱為磨合磨損階段。在這一階段，零件表面微觀幾何形狀發生明顯的變化，磨損量增加較快。磨損量（μ_1）隨時間（t_1）的變化情況如圖 1-5 中的 OA 段，磨損量的大小和磨損時間的長短取決於零件質量和加工的粗糙程度。

磨合磨損的原理對設備的前期管理具有一定的指導意義。從系統的角度出發，設備的磨合磨損有三個方面：設備零、部件之間的磨合，設備與設備系統的磨合，使用、操作人員與設備的磨合。這三方面的磨合過程都會伴隨設備磨損的發生，因此，管理工作的重心應放在減少磨合磨損帶來的損失上。設備零、部件的磨合磨損可以透過及時調整設備間隙，達到零、部件的配合要求而減少。設備與設備系統的磨合需要透過對系統進行調試，滿足系統運行的要求來減少磨損。減少使用、操作人員與設備發生的磨合磨損，則需要編制正確的設備使用、操作規程，實施有效的使用、操作培訓，使員工能盡快掌握設備的使用、操作要求，並養成正確的使用、操作習慣。

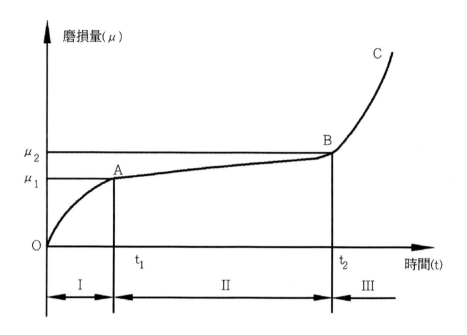

圖 1-5 機械磨損規律示意圖

2. 正常磨損階段（II）

作相對運動的零、部件表面在磨合磨損以後，一般需要進行適當的調整，然後設備進入正常運行階段，磨損的變化則進入正常磨損階段。在這一階段內，如果零、部件的工作條件不變，零、部件的磨損速度是非常緩慢的，磨損量基本上是隨時間而勻速增加，如圖 1-5 中的 AB 段。當磨損到一定程度（μ2），零件就不能再繼續正常工作，這段時間（t1-t2）就是這個零件的使用壽命，最短的零件的壽命也就是設備的壽命。正常磨損階段經歷的時間越長，也就意味著設備的使用壽命越長。

要實現磨損量隨時間而勻速增加，必須滿足「工作條件不變」這一要求。滿足這一要求的關鍵是設備的使用、操作人員能正確使用、操作設備並精心維護、保養設備。否則設備的磨損將非常大且無規律可言。

3. 劇烈磨損階段（III）

　　機械設備零件的使用期已到達它的使用壽命（圖 1-5 中的 B 點）時，如繼續使用，就會破壞正常的磨損關係，使磨損加劇，磨損量急劇上升，進入劇烈磨損階段，如圖 1-5 中的 BC 段。在這一階段，設備的精度、技術性能和生產效率明顯下降。例如，機器設備上的軸和軸承之間的相互摩擦，在正常情況下，是透過在相互配合的間隙內加潤滑油，使它們不能直接接觸摩擦以減少磨損。當軸或軸承磨損至一定程度，就會因間隙增大，造成潤滑油不足，液體潤滑失去作用，繼續使用時，軸與軸承直接摩擦，使磨損加劇。

　　在這一階段要解決的管理問題是及時確認設備的技術狀況，對設備進行報廢、更新。設備及時報廢、更新可以減少能源的浪費、避免停機損失、提高設備系統的運行效果。

　　（三）設備的故障規律

　　零、部件的磨損是設備發生故障的重要因素。因此，與設備機械磨損規律的三個階段相對應，形成了設備故障發生發展的三個時期，其規律如圖 1-6 所示。

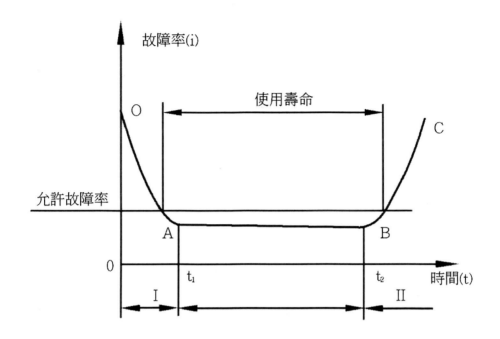

圖 1-6 設備故障規律示意圖

1. 初發故障期（Ⅰ）

　　設備投入運行後的第一個階段為初發故障期，也稱初期故障期。一般這一階段出現在新設備安裝調試至移交使用的過程中。在這個時期，故障的產生主要是由於設計或製造中的缺陷、零部件加工質量、零件的磨合磨損、安裝問題、使用人員尚未完全掌握其性能而操作不熟練等原因。這個階段的磨損量較大，因而零件之間的間隙加大，配合精度改變，因此故障率較高。這一時期故障較多，是充分暴露各種問題的時候，所以，在這個階段需要不斷調整間隙，使零件達到配合要求；並不斷進行調試，逐漸掌握設備的性能，使運行趨於正常，故障發生率逐步下降，如圖 1-6 中 OA 段所示。這種現象，也會在設備修理後的使用過程中發生。

　　為了減少設備運轉初期的故障，管理的要點是文明搬運，仔細安裝；認真進行設備調試，嚴格驗收；認真閱讀設備說明書，制定設備操作標準並培訓員工，使員工盡快掌握設備操作規程，正確使用。

2. 偶發故障期（II）

經過第一階段的調試、試用後，設備的各部分機件進入正常磨損階段，使用人員也已掌握了設備的操作方法，熟悉了設備的性能、原理和構造特點，所以，這個時期的設備故障明顯減少，故障率降低到允許故障率以下，並趨於穩定，設備故障的發生狀態進入第二個階段，這就是偶發故障期，如圖 1-6 中 AB 段所示。此時，設備會由於在各種外力及環境變化的影響下，技術狀態緩慢發生變化而逐漸影響到設備的工作性能。

但實際情況往往是這一階段故障發生頻繁，大大超過允許故障率。究其原因主要是：

（1）使用不當，未按規程進行操作，或長時期超負荷運行；

（2）維護不力，未按規定進行必要的日常維護和定期維護，使設備運行環境劣化，磨損加劇；

（3）管理鬆懈，對設備管理狀況不檢查，不重視。

因此，需要針對上述問題進行嚴格管理。

3. 劣化故障期（III）

當設備各零、部件到了使用壽命後期，各部分機件因磨損、老化、腐蝕及疲勞的逐步加劇而喪失機能。若繼續使用，設備故障必然增多，生產效率下降。這一時期稱為劣化故障期，又叫故障多發期，如圖 1-6 中 BC 段所示。為了延長設備的使用壽命，對飯店的重要設備（如鍋爐、製冷機、水泵和風機等），要加強控制，防止提早進入劣化故障期。在這一時期，應做好設備的計劃預修工作，也就是要在設備的零、部件達到使用期限（t2）以前進行檢修，更換已到達使用壽命期的零、部件，延長 t1-t2 的時間。在設備達到使用壽命（t2）時，應及時更新設備。

本章小結

本章給出了飯店設備的定義、分類標準，分析了飯店設備的特徵。飯店設備最主要的特徵是直接構成產品，這一特徵形成了相應的管理要求。本章

還闡述了飯店設備管理的含義、特徵、目標、管理原則等問題以及設備管理的基礎理論：設備綜合管理和磨損理論。

思考與練習

1. 分析飯店產品的構成，舉三個事例說明設備對飯店產品質量的影響。

2. 調查一件家用電器，分析其壽命週期費用中各種費用所占的比重，以此說明設備壽命週期費用的意義。

3. 什麼是設備綜合管理？請分別說明飯店各部門在設備管理中的主要任務。

第 2 章 飯店主要設備系統的運行與管理

本章導讀

要理解並掌握飯店設備管理的要求、方法，首先必須瞭解並掌握管理對象的基本特徵。本章主要對飯店的供配電、給排水、供熱、製冷、中央空調、消防、運送等七大重要設備系統的設備構成、系統重要設備的運行原理和運行要點、系統運行管理要點進行分析和說明。透過本章的學習應重點掌握各系統的基本構成以及重要設備的運行與管理要求。

第一節 供配電系統的運行及其管理

一、飯店用電概述

電能是飯店廣泛使用的能源且需求量較大。飯店的用電負荷主要有照明和動力兩大類，照明部分包括生活照明、工作照明、廣告燈箱及其他家用電器等。動力部分有中央空調系統、生活水泵、消防泵、電梯以及其他大型用電設備。

（一）飯店對供配電的基本要求

1. 安全

電能的特性之一是同一性，即供電和用電是同時進行的，也就是說發電、供電和用電必須在同一時刻完成，所以，一旦發生用電事故，除可能造成部門停電，引起設備損壞，人身傷亡事故外，還可能波及整個飯店電力系統，產生嚴重後果。因此，飯店供配電必須確保安全，不能發生人身和設備的事故。確保安全的基本要求是嚴格執行安全操作規程。

2. 可靠

對飯店來說，電力供應的可靠性包含兩方面的含義：供電的連續性和系統的穩定性。

（1）供電的連續性。可靠即保證連續供電，不能中斷。為確保用電的可靠性，三星級以上的飯店應採用兩路供電的方式，特別重要的負荷，還需設置一個自備的應急電源。

（2）系統的可靠性。經驗證明，電力系統中的大事故是由小事故引起的，整體性事故是由局部性事故擴大造成的，因此要保證對用戶供電的可靠性，首先要保護系統中各個組成部分運行的可靠性，這就要求電力系統有完善而可靠的分級保護裝置，使設備處於完好狀態。另外，加強計劃用電，控制高峰負荷也是保證供電可靠性的重要措施。

3. 優質

用電的質量是指表徵電能品質的頻率和電壓必須在國家標準允許的範圍內。

（1）頻率。電力系統中的所有電氣設備都在一定的頻率下工作。因為我們常用的電動機、冰箱、洗衣機等電器的電機，其轉速均與頻率有關，當電網的頻率降低時，電機轉速降低，將會影響電氣設備的正常使用。

（2）電壓。為了使電力設備的生產實現標準化和系列化，發電機、變壓器和各種電力設備都規定有額定電壓。各種電力設備在額定電壓下運行時，其技術性能和經濟效果最好。電壓的高低直接影響用戶的用電效果。電壓太低不能使電燈正常發光，電視機不能正常收看，而且還會使電機轉速減慢，出力減小，使電路電流增加，線損增加；長期電壓不足還會使變壓器、發電機的線圈發熱。當電壓降至額定電壓的 60% 時，電機就無法啟動，並影響系統週波，嚴重時將使繼電保護和失壓線圈動作，使整個電力系統瓦解。飯店屬於 10 千伏特以下用戶，電壓允許偏差一般要在額定電壓的 ±7% 範圍內。

4. 經濟

供電經濟性是指在保證安全、可靠和電能質量的前提下，減少對供配電系統的投資，努力降低電網損失，合理調整用電設備，提高設備的運行效率，開展全員節能工作，以確保飯店供電、用電系統的安全和經濟運行。

（二）飯店主要的用電設備

1. 動力設備

飯店中有許多功能不同的機器設備，例如電梯、水泵等，它們具有一個共同點，都是利用電動機將電能轉化為機械能，再帶動各種機械運轉。這類由電動機帶動的設備統稱為動力設備。動力設備的全年用電量約占總用電量的 25% ～ 40%。

2. 電熱設備

利用電能轉化為熱能的原理製成的設備稱為電熱設備。飯店內的電熱設備大部分用於廚房的食品加工，例如電爐、電烤爐、微波爐、電熱水器等。一般西餐廚房使用電熱設備的數量比較多，客房普遍使用電熱水器。

飯店使用的一些小型的取暖設備也屬於電熱設備。

3. 電子設備

電子設備包括電視設備、通訊設備、音響設備、電腦、消防報警器及各種自動控制設備等。這些設備的作用是接收、傳輸、儲存和處理各種資訊，所以也稱為資訊設備。

4. 照明設備

照明設備主要用於人工採光和室內裝飾。照明燈具的容量約占飯店總裝機容量的 10% ～ 15%，照明用電約占飯店年用電量的 25% ～ 30%。

（三）飯店用電負荷級別

保證安全用電是一個涉及人的生命和財產安全的重要問題。在進行電氣設計以前，首先要對建築物的防火、防雷的級別加以認定。因為不同的建築

物對安全用電的具體要求和規定是不同的。飯店的電力供應一般是屬於一級負荷。

電力負荷按其使用性質和重要程度分為三級。

1. 一級負荷

當中斷供電時將造成人身傷亡、重大政治影響、重大經濟損失或將造成公共場所秩序嚴重混亂的負荷屬於一級負荷。例如高星級飯店的宴會廳、餐廳、娛樂廳、高級客房、主要通道及主廚房的照明；電梯、消防水泵等動力；一類高層建築（指 19 層及其以上的高層建築）的火災事故應急照明與疏散指示標誌燈等。

2. 二級負荷

當中斷供電時將造成較大政治影響、較大經濟損失或將造成公共場所秩序混亂的電力負荷屬於二級負荷。例如二類高層建築（指 10 ～ 18 層的高層建築）的消防電梯和消防水泵的動力用電；高檔飯店的一般客房照明和主要通道照明。

3. 三級負荷

凡不屬於一級和二級負荷的電力負荷均為三級負荷。

二、供配電系統的構成

飯店的電力供應是指從城市變電所將電力輸送到飯店變電站，降壓後再輸送到用電設備的過程。這個過程的實現必須依靠變壓設備和能夠接收、分配和控制電能的配電設備。飯店供配電系統的設備主要由三大部分構成：配電設備、輸電設備和用電設備。包括：高壓配電櫃、變壓器、低壓配電螢幕、各樓層及功能區的分配電箱、各機房的配電箱和控制櫃、柴油發電機組及其附屬設備等。其中高壓配電櫃、變壓器、低壓配電螢幕集中在配電間，是整個飯店的動力的核心，所有的動力線、照明線全由配電間接出。

（一）供配電系統的主結線方式

現代飯店的設備總裝機容量一般都超過 250kW，因此必須採用高壓供電和變電裝置，將 10kV（有的地區為 6kV）高壓轉換成 380/220V 低壓供給電氣設備。飯店變壓供電有三種方式。

1. 兩路供電，互為備用

現代飯店的電力供應，大多是按一級負荷設計的，因此，要確保飯店供電的連續性，就應採用兩路供電，互為備用的主結線方式。這種結線方式是兩路高壓之間無聯繫，即該兩路高壓電源來自兩個區域變電站。當一個高壓發生故障斷電時，透過高壓聯絡櫃手動或自動切換，由另一路高壓電源承擔全部負荷。

為了防止兩路高壓電源同時發生故障斷電，高檔飯店還配置了柴油發電機組提供應急電源，承擔消防、應急照明等的負荷。圖 2-1 表示這種供配電系統的主結線方式。

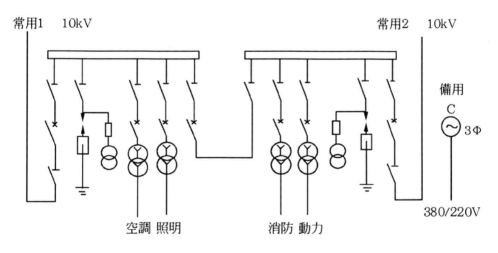

圖 2-1 兩路高壓供電互為備用主結線方式

2. 兩路供電，一備一用

這種供電方式，如圖 2-2 所示，是在受到當地供電條件的限制，不能提供兩路常用高壓供電線路時採用的。備用高壓電源一般是由一路專用供電線

路引出，只允許短時間內使用。在常用高壓線路發生故障而斷電時，經手動或自動切換將備用高壓電源投入使用，一旦常用高壓電源故障排除後，立即恢復到原來的常用高壓線路上，使備用高壓電源仍處於備用狀態。這種供電方式投資少，但可靠性差。

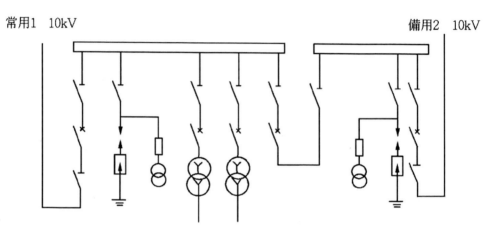

圖 2-2 一路高壓常用、一路高壓備用主結線方式

3. 一路供電

在許多中小城市，由於條件所限，無法提供兩路高壓供電，飯店只能得到一路高壓供電時，為確保飯店供電的連續性，可採用以下兩種方式：

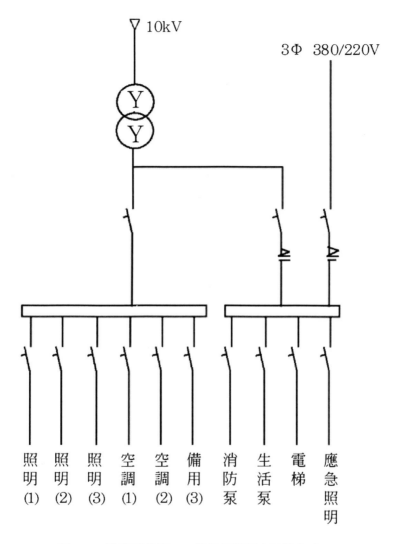

圖 2-3 一路高壓供電、一路低壓備用主結線方式

（1）低壓電源備用。當高壓線路出故障時，備用低壓電源經自動或手動切換投入使用，供消防水泵、消防電梯、應急照明之用，其主結線方式如圖2-3 所示。

（2）自備柴油發電機。當一路低壓備用電源都無法滿足要求時，飯店就應配備柴油發電機組作為備用電源。這種方式通常有１～３臺柴油發電機組，

要求機組為同一型號和同一容量的成套機組設備；發電機房一般靠近變配電站；機組中至少要有一臺具有自動啟動功能，並與供電系統有聯鎖裝置。一旦高壓供電系統停電，發電機組要在 10 秒鐘內自行啟動，並在 40 秒鐘內達到額定電壓值。當供電系統恢復供電後，發電機組應繼續運行一段時間（約在 30 秒鐘左右），待確認高壓供電系統正常後再停機。

（二）供配電設備

1. 高壓配電櫃

高壓配電櫃是按飯店規模、用電負荷及配電系統設計要求，選擇一定型號的設備組裝而成的。例如，進線櫃主要由隔離開關、斷路器以及電流互感器等組成；計量櫃由隔離開關、電壓和電流互感器、測量儀表等組成。它們在高壓配電中起著控制、保護變壓器和電力線路，或監測、計量等作用。高壓配電設備通常包括進線櫃、計量櫃、出線櫃、聯絡櫃等，如圖 2-4 所示。

飯店採用的高壓配電櫃的結構形式，大體上可分為櫃架式、手車式和抽屜式三類。

（1）櫃架式高壓配電櫃。櫃架式高壓配電櫃屬於早期成熟產品，能滿足飯店供配電的要求，其缺點是體積大，維修不方便。一般用在有獨立變電站的供電系統中。

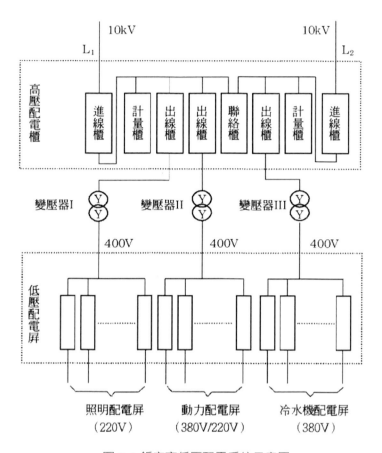

圖 2-4 飯店高低壓配電系統示意圖

（2）手車式高壓開關櫃。手車式高壓開關櫃是近年選用較多的產品。手車式高壓開關櫃為封閉式結構，整個櫃由固定的本體和可活動的手車兩部分組成，具有體積小、運行可靠和維修方便等優點。運行時，手車是封閉在櫃內的，一旦發生故障，只要將故障櫃打開，拉出其中的手車，推入同型號備用手車，即可恢復正常工作。

（3）抽屜式高壓開關櫃。抽屜式高壓開關櫃也是封閉式結構，由固定的櫃體和可分離的各種規格的抽屜組合而成，具有手車式開關櫃的優點，體積更加小巧，技術要求較高。

2. 變壓器

（1）變壓器的種類。變壓器是根據電磁感應的原理把電壓升高或降低的電氣設備。飯店變電間所用的變壓器是把 10kV 的高壓電降到標準電壓 400V 的「降壓變壓器」，如圖 2-4 所示。變壓器是供電系統的重要設備，飯店所用的配電變壓器主要有以下兩種：

①油浸式變壓器。油浸式變壓器是用變壓器油作為絕緣冷卻介質的一種變壓器。在選擇時，由於變壓器油可燃，對建築物有特殊要求，需要增加投資，所以如變電間位於飯店主體建築內，一般不選用油浸式變壓器而採用乾式變壓器。

②乾式變壓器。飯店使用的另一種變壓器是用樹脂澆注作絕緣冷卻介質的乾式變壓器。乾式變壓器的製造成本較高，但樹脂不燃且沒有變壓器油的汙染，損耗小，允許溫升高，體積小，可靠性高，是一種較好的變壓器，只是它的電壓等級和容量不能太大。

（2）變壓器的基本參數。變壓器的基本參數有以下四個：

①額定容量 Se。變壓器的額定容量表示其在規定狀態下的輸出能力（視在功率），以千伏安（kVA）為單位。額定容量的大小主要取決於額定電壓和額定電流的數值，一般運行負荷應為額定容量的 75% ～ 90%。若實測運行負荷經常小於額定容量的 50%，則應更換容量較小的變壓器，若超過額定容量，則應更換容量較大的變壓器。

②額定電壓 Ue1 和 Ue2。Ue1 和 Ue2 為一、二次側線圈電壓的標準值，以 kV（或 V）為單位。例如銘牌上額定電壓標為 10/0.4kV，表示高壓側（一次側線圈）電壓為 l0kV，低壓側（二次側線圈）電壓為 400V。

③額定電流 Ie1 和 Ie2。根據額定容量和額定電壓計算出來的線電流值稱為額定電流，銘牌上標出的 Ie1 和 Ie2，分別為高壓側和低壓側的電流，單位是安培（A）。

④額定頻率 fe。額定頻率為 50 赫茲（Hz）。

3. 低壓配電螢幕

（1）低壓配電螢幕的種類。低壓配電螢幕是按一定的接線方案將有關電器（如低壓開關等）組裝起來的一種成套配電設備，在 500 V 以下的供電系統中作動力和照明配電之用，如圖 2-4 所示。低壓配電螢幕主要有開啟式和封閉式兩種。

①開啟式配電螢幕。開啟式配電螢幕的組合方案較多，價格低廉，並且可以和低壓無功補償櫃配套使用。缺點是易積灰塵，小動物常侵入而發生故障。發生故障時要斷電維修，運行可靠性不如封閉式好。

②封閉式配電櫃。封閉式配電櫃的可靠性好，維護方便，多為抽屜式，發生故障時，只需將相應的部分斷電，抽出故障的抽屜，換上備用抽屜即可恢復供電，但價格較高，且互換性不夠好。

（2）低壓配電螢幕設備。低壓配電螢幕上的主要電器設備有：

①低壓熔斷器。低壓熔斷器是串接在低壓線路中的一種保護裝置。當線路發生短路故障時，產生的大量熱量引起自身熔斷，從而切斷故障線路。

②閘刀開關。閘刀開關也稱刀開關，是一種最簡單的低壓開關。帶有滅弧罩的刀開關可以切斷較小的負荷電流，不帶滅弧罩的刀開關要在無負荷下操作，可作隔離開關使用。

③低壓負荷開關。低壓負荷開關又稱鐵殼開關，適用於各種機器的獨立配電設備，供手動不頻繁接通和切斷小負荷電路，具有短路保護功能。

④低壓自動開關。低壓自動開關又稱自動空氣開關或自動空氣斷路器，是低壓開關中性能最完善的開關。它具有良好的滅弧特性，能帶負荷接通、切斷電路，並能在短路、過載和失壓時自動跳閘。

⑤無功補償櫃。飯店用電設備中大都帶有電動機等電感性負荷，因此，交流電動機的功率因素都小於 1。為了補償用電設備的無功損失，提高用電設備的功率因素，需設置無功補償櫃。低壓補償裝置是由多組電力電容器、切換裝置和自動控制器等組合而成的，可直接併入低壓母線上。

（三）輸電設備

由配電間分配給各用電部位的電能，必須透過輸電設備才能送給各用電設備。輸電設備主要有母線、電纜和電線以及輸電線路的中間接線箱。

1. 母線

母線也稱匯流排，它是輸送電能的主幹線。電源送來的電流先彙集在母線上，再從母線透過保護電器把電流分配出去。母線有銅母線和鋁母線之分，飯店一般採用銅母線。國家規定母線要按相序 A、B、C 分別塗上黃、綠、紅色，中性線上塗黑色。近年來較多採用封閉式母線，採用各種規格的母線封閉槽，從而靈活地實現水平、垂直、轉彎及多方向的插接出線。這種方式使得在電氣豎井內作幹線與每層樓支線連接十分方便，而且可靠性較好。母線每年要進行一次停電清掃，檢查螺絲緊固情況，檢測絕緣電阻等，大修理後要進行耐壓試驗。

2. 電纜

電纜的結構比較複雜，內部為銅、鋁或鋁合金等金屬質電纜芯，外部具有較完善的絕緣層和保護層。電纜用途廣泛：從電力部門供電幹線到飯店變電間進線，從高壓配電櫃、變壓器到低壓配電房，從低壓配電房到各機房，均可用電纜輸電。

3. 電線

電線結構比較簡單，一般由鋁芯或銅芯作為導線，外面有絕緣保護層，電線分單股線、多股線、雙芯護套線和三芯護套線等。從飯店各照明區的配電箱到各樓層房間、走道、公共場所照明，都用電線送電。

（四）自備電源

自備電源是一種備用電源，用以保證在常規供電發生故障或斷電時，一些重要負荷仍能處於正常運行狀態或應急啟動。自備電源以柴油發電機組為主，柴油發電機組一般由電動機、同步發電機、控制螢幕（箱）和機組的附屬設備組成。

柴油發電機組可分為普通型、應急自起動型和自動化型三種。應急自起動型和自動化型能夠在外電源突然斷電後，在約 10 秒鐘內自動啟動並向重要負荷恢復供電。

（五）避雷設施

為了保護飯店建築物和電氣設備不受雷擊，必須安裝防雷裝置。常規的防雷裝置一般由接閃器（或避雷器）、引下線和接地極三部分構成，如圖 2-5 所示。

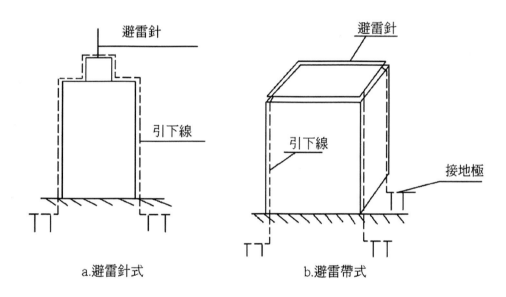

圖 2-5 建築防雷裝置

1. 接閃器

建築防雷裝置採用的接閃器有避雷針、避雷帶和避雷網三種形式。接閃器是在建築物頂部人為設立的最突出的金屬部件。接閃器的構造有兩種形式：

（1）避雷針式。避雷針一般由鍍鋅圓鋼或銲接鋼管製作，針頂端可以製成尖形、圓形或扁形，並要經過防腐處理。避雷針的保護範圍可透過計算確定。利用煙囪、照明燈塔、冷卻塔或高大建築物作為避雷針的支持體，可以得到較大範圍的保護，同時可減少需裝避雷針的數目及投資。

（2）避雷帶式。避雷帶通常採用 25×4 mm 鍍鋅扁鋼製作。單根避雷帶稱為避雷線，若干避雷帶可組成避雷網。避雷帶可以用來保護變電所的電氣設備或輸電線路，用它來保護輸電線路時，其保護範圍是以保護角來表示的，一般應採用 20°～ 30°角。線路的電壓越高，採用避雷帶保護的效果也越好，在變電所進線 1 ～ 2km 範圍內裝設避雷帶就可以保證變電所設備的安全。避雷帶和避雷網普遍用來保護較高的建築物免受雷擊。避雷帶一般沿屋頂周圍裝設，高出屋面 100 ～ 150 mm，支持棒之間的距離為 1 ～ 1.5m，需要時再用圓鋼或扁鋼連接成網。

2. 引下線

引下線可採用 25×4 mm 鍍鋅扁鋼，用以連接接閃器與接地極。一般建築物的防雷引下線都是沿牆面敷設，也可以敷設在外牆面的粉刷層內。每一組防雷裝置至少要有兩條引下線。

框架結構的建築物可以利用柱內鋼筋作為引下線，但柱內鋼筋的截面不得小於 100m ㎡。為了檢測接地電阻，在引下線距地面 1.5m 處應敷設斷接卡子。同時為了不受機械損傷，在近地面的 1.5m 內應套鋼管加以保護。

3. 接地極

採用直徑 50 mm 鍍鋅鋼管或 50×50×5 mm 鍍鋅角鋼作為人工接地極是防雷接地裝置的一般做法。防雷接地裝置也可利用鋼筋混凝土基礎作為人工接地極。接地極的長度一般為 2.5 ～ 3m，地極埋在室外地面下深 0.8m 左右。地極與引下線連接，構成接地裝置。

三、飯店照明系統的管理

（一）光量參數及照明標準

1. 光量參數

無論採用何種光，都需要用一些物理量來描述光環境質量的要求。這些物理量以光通量為基礎，形成一個光度量的體系，其中最基本的參數有光通量、發光強度、亮度及照度等。

(1) 光通量。光通量是指光在單位時間內，向周圍空間輻射出的使人眼產生光感的能量，用符號「φ」表示，其單位是流明（lm）。

(2) 發光強度。光源在某一方向上的發光強度是光源在該方向單位立體角內所發出的光通量，也就是光通量的空間密度。發光強度用符號 I 表示，單位是坎德拉（cd）。

(3) 照度。受照物體單位面積上的光通量就是照度。它是用來衡量被照面被照射程度的一個基本光度量，即被照面的光通量密度，常用符號 E 來表示，單位是勒克斯（1lx ＝ 1lm/㎡）。當光通量 φ 均勻地照射到平面 S 上時，該平面的照度為：

$$E = \frac{\varphi}{S}$$

40W 的白熾燈下 1m 處的照度為 30lx，晴天室外中午陽光下的照度可以達到 80000lx ～ 120000lx。

(4) 亮度。在所有的光度量中，亮度是唯一能直接引起視覺的量。比如照度完全相同的黑白兩種物體，人們會感覺到白色的物體亮得多。這是因為人的視覺感是由被視物體的發光和反光（透光）在視網膜上形成的照度而產生的。視網膜上形成的照度越大，眼睛就感覺到越亮。亮度的國際通用單位是坎德拉 / 平方公尺（cd/㎡），也稱尼托（nt）。

(5) 色表、色溫。眼直接觀察光源時所看到的顏色，叫做光源的色表。光源的色表是用與光源的色度相等或近似的完全輻射體的絕對溫度來描述的，因此光源的色表又稱為色溫。例如白熾燈的色溫為 2500K ～ 3500K；日光色螢光燈的色溫為 5000K ～ 6000K。

(6) 顯色性、顯色指數。光源的顯色性是指光源的光照射在物體上所產生的客觀效果。光源的顯色指數是對光源顯色性的評價。國際照明學會規定標準照明體 D 的顯色指數為 100，3000 K 標準螢光燈的顯色指數為 50，以上述標準來衡量各種光源的顯色性，確定其一般顯色指數。光源的一般顯色指數愈高，其顯色性愈好。例如：白熾燈、碘鎢燈的顯色指數大於 95，適用於辨色要求高的場合，如商場等；螢光燈的顯色指數在 70 ～ 80 之間，適用

於一般辨色要求的場合；高壓汞燈、高壓鈉燈的顯色指數較低，只在 25 ～ 40 之間，不適於辨色要求高的環境。光源顯色指數及適用場合如表2-1 所示。

表 2-1 光源顯色指數及適用場合

顯色指數Ra	適用場合
>80	客房等辨色要求很高的場所
60～80	辦公室、休息室等辨色要求較高的場所
40～60	行李房等辨色要求一般的場所
<40	倉庫等辨色要求不高的場所

2. 照明標準

照明標準是以工作面上的實際需要量為依據，結合特殊的環境、氣氛和效果要求，並考慮照明的經濟性確定的。在飯店內部，不同的場合對照明的要求是不同的，這不僅是客人舒適度及審美的要求，更是飯店經濟利益的要求。

飯店各場所一般照明的控制照度要求舉例如下：貯藏室、樓梯間、公共洗手間 10lx ～ 20lx；衣帽間、庫房、冷藏庫、客房走道 15lx ～ 30lx；客房、電梯廳、撞球室、蒸汽浴室 30lx ～ 75lx；咖啡廳、茶室、遊藝室、游泳池、錄影室、酒吧、舞廳、旋轉餐廳 50lx ～ 100lx；洗衣間、客房洗手間 75lx ～ 150lx；餐廳、商場、休息廳、會議廳、外幣兌換處、網球場 100lx ～ 200lx；大宴會廳、大門廳、廚房、健身房、美容室 150lx ～ 300lx；多功能大廳、總服務臺 300lx ～ 750lx。

（二）飯店各部門的照明要求

飯店內各個不同的部門和區域對照明有不同的要求。

1. 大廳

飯店的大廳包括賓客從外部自由進出的門廳、大廳和總服務臺。大廳是飯店的門面，給客人留下第一印象，所以大廳要特別注意燈光的設計。

（1）門廳一般採用不顯眼的下投式燈具，並採用可調光的照明，以配合室外照度的變化。

（2）大廳的照明需要烘托環境氣氛，宜選擇色溫高、照度高的燈具。

（3）總服務臺要求照度值較高，可採用下投式射燈，這樣可以使櫃臺醒目，又可提高工作效率。

2. 公共場所

公共場所包括各種餐廳、會議室及娛樂場所。這些場所應根據使用的特點設計燈光。例如：

（1）宴會廳的燈光要能烘托出富麗堂皇、熱烈友好的氣氛，往往採用小型組合吊燈，照度值比較高。

（2）餐廳要求高雅、舒適，因此常採用嵌入式燈具加壁燈照明或吸頂燈加壁燈照明。照度值比宴會廳低，但要求光源有較高的顯色指數，如果用顯色指數比較低的光源，無法辨認顏色，將會影響客人的食慾。

3. 走廊

通向公共場所的走廊，照度值應高一些，中間不要出現暗區，一般每隔3m～4m 就應裝一只燈具。燈具可以是吸頂燈或壁燈，通向客房的走廊照明可以暗一些，但要設計得舒適、歡快、流暢，減少客房走廊的單調。

4. 客房

客房具有休息、工作、閱讀、會客和梳妝等多種功能，除了一般照明外，往往根據不同功能進行局部照明。

（1）客房走廊採用直接裝在頂棚上的下投式照明燈。

（2）客房一般照明可採用頂棚（或吸頂燈）照明、壁燈照明或螢光燈均衡照明。

（3）書桌照明一般採用檯燈。

（4）沙發（或軟椅）閱讀照明可採用落地燈。

（5）梳妝照明的照度要求在 200lx 以上，梳妝鏡燈通常採用漫射燈具，光源以白熾燈或三基色梳妝燈，以保證良好的顯色性。

（6）床頭燈應選用光線互不干擾的小型射燈，並且能夠調節光線的強弱。

（7）洗手間宜採用日光型螢光燈照明。

5. 工作場所

工作場所照明包括各行政和管理人員辦公室、員工通道、各動力機房和廚房等。原則上，除了廚房以外的其他工作場所，應採用螢光燈具照明。廚房的照明則應採用不易積塵的、線條簡單的功能性燈具，其光源的顯色性應與餐廳光源的顯色性相同。

四、飯店供配電系統的管理

（一）供配電設備的運行管理

1. 供配電設備運行技術參數的監視與控制

對供配電設備運行參數進行不間斷的監視和有目的的控制，是供配電系統運行管理的主要任務。在運行期間，必須根據系統電壓和負載特性的變化，隨時對設備的運行技術參數進行有效的控制和調整，以充分滿足用電設備的要求。運行操作人員對設備運行技術參數進行監視和控制的主要設備是各種指示儀表、控制裝置和自動裝置。

巡迴檢查是對電氣設備運行進行監視的一種必不可少的補充手段。如檢查開關設備觸點、母線接點的溫度等等。巡迴檢查工作應根據飯店具體情況制定巡迴檢查制度，明確檢查人員及分工，確定檢查路線及每臺電氣設備巡迴檢查的重點內容，並作好檢查記錄，作為設備定期維護檢修的依據。

2. 供配電系統的運行操作和負荷調整

飯店供配電系統的設備經常要按照用電部門的指令改變運行情況，同時還要定期進行檢修、調整、試驗和消除異常現象。這些工作必須在運行調度

人員的統一指揮下，嚴格執行有關規章制度，並在各方面的配合下才能完成。進行運行操作時，執行人員首先要充分瞭解即將進行的運行操作的目的、內容，操作設備的名稱及操作順序，要有充分把握，才可進行操作。

供電部門對各飯店都採取定量供應電能的辦法，對飯店日用電量和高峰期間的最大用電量都有明確的規定，使用超量就要罰款，因此配電間運行人員，必須根據電力部門所給定的用電指標，與用電部門互相協調，隨時對負荷進行調整，儘量不超過最大用電量指標。

3. 電氣設備運行中的絕緣監察

由於受工作電場、磁場、熱應力、內部過電壓、大氣過電壓、水分、氧氣等內在和外在因素的影響，電氣設備的絕緣強度隨著運行時間的增長逐漸降低。絕緣監察就是根據電氣設備絕緣的標準，定期對電氣設備的絕緣性能進行測定，根據測定結果確定設備性能的好壞，並決定繼續運行還是退出運行、安排檢修或報廢。

4. 電氣設備運行故障處理

電氣設備由於管理和維護不當、檢修質量不佳、誤操作、外力破壞等原因，在運行過程中會出現故障。正確、迅速處理故障是防止故障蔓延、縮小事故影響的關鍵。在正常情況下，配電網絡的各類故障均可由繼電保護裝置的正確動作予以解除，同時中央信號裝置將發出警報信號，運行人員應根據警報信號的類別和繼電保護裝置動作情況迅速判斷故障性質及故障發生部門，並立即採取果斷措施，恢復因故障而中斷供電的線路和設備的運行，同時使故障設備退出運行。因此要求運行人員應具備一定的技術水平和應急技能，並在處理故障時要保持冷靜的頭腦。

（二）飯店用電管理

1. 安全用電

安全用電是設備安全管理的重要環節，它關係到飯店的正常經營和聲譽。瞭解和掌握電氣安全知識，建立和健全必要的安全工作制度是防止各類電氣事故發生、避免損失的重要措施。電氣安全工作制度是在對電氣設備進行操

作時保證安全的重要措施。安全工作制度包括工作票制度、工作許可制度、工作監護制度和工作間斷、轉移和終結制度。

（1）工作票制度。當需要停止高壓送電，進行設備電氣試驗和清理、檢修時，必須憑工作票，按工作票排定的順序進行操作。工作票簽發人應持有電氣職稱證書或經電力部門考試合格頒發的證書，並且又是飯店電力調度或電氣負責人。電力調度或電氣負責人應全面掌握本單位電力系統的結構和分布方式，瞭解電氣設備的性能、特徵，同時瞭解機械運轉規律，這樣才能合理調度負荷。

（2）工作許可制度。電氣工作開始前，必須履行工作許可手續。工作許可人根據工作票簽發人所列的安全措施進行工作，完成安全措施後要同工作負責人再次檢查安全措施並交代帶電部位及注意事項，才能許可工作。在線路上工作時，工作許可人和工作負責人之間必須保持書面和電話聯繫並在工作票上簽字。

（3）工作監護制度。工作監護制度是保證人身安全及正確操作的主要措施。工作負責人在向工作人員交代工作任務和現場安全措施後，要始終在現場負責監護，糾正不安全的動作，對工作人員的安全認證監護。

（4）工作間斷、轉移和終結制度。工作間斷時，工作人員應從工作現場撤出，所有安全措施不動，工作票仍由工作負責人保存，間斷後繼續工作。當工作地點轉移時，如工作許可前已做好安全措施，則不需要辦理轉移手續。如開工前未處理轉移手續則必須重新辦理許可手續。當工作完成時，必須辦理工作終結手續才能合閘送電。

2. 計劃用電

電平衡測試是實施計劃用電的基礎工作，其目的是考察用電設備和各部門消耗電量的構成、分布、流向和利用水平，從而促進計劃用電管理，提高電能利用水平，降低電能消耗。

做好飯店計劃用電的基本措施有「五查、四定、三落實」。

（1）五查

①查清供、用電設備；

②查清用電性質和規律；

③查清設備負荷大小；

④查清耗電情況及升降原因；

⑤查清浪費的電力及不合理的因素。

每年年底都應進行一次大檢查，總結本年度供、用電情況，為制定下年度的定額標準做好準備。

（2）四定

①定單位電耗：根據上年度的實際電耗，參照歷史最好水平，制定一個較先進的電耗定額。

②定用電量：根據上級制定的電量分配計劃及節電要求，核定各部門的用電量。

③定電力負荷：根據分配的用電量、用電規律、供電的可能性，核定每個部門機房的電量。

④定用電時間：根據電網的要求和飯店用電的特點和要求，具體落實電量指標，確定削峰填谷的設備及負荷值，按規定時間明確用電設備或用電負荷。

（3）三落實

①組織落實：飯店要建立節能領導小組，工程部應設置專人負責用電管理工作，各部門的設備管理員要負責本部門的用電管理。

②指標落實：「四定」指標要明確，並要具體落實到各部門。

③措施落實：計劃用電要制定具體措施，要做到用電指標和各項任務計劃一起下達，一起考核，一起總結。

3. 節約用電

　　加強飯店的節約用電管理既可緩和電力供應緊缺的矛盾，減輕能源、交通運輸的緊張狀態，又可減少飯店的電費和原材料消耗，降低飯店的經營成本。飯店節電工作可從以下方面進行：

　　（1）提高功率因素。功率因素是有功功率與視在功率之比，是衡量電網是否經濟運行的一個重要指標，提高功率因素可以提高電力變壓器利用率，節省飯店電費開支。

　　（2）提高電氣設備的經濟運行水平。飯店動力用電約占全年用電量 55%～65% 左右，其中空調（包括製冷、通風系統）用電又占動力用電的 90% 以上，所以飯店節能的重點是要控制和降低空調系統的耗電量。此外，要合理選擇變壓器容量，使其在高效率範圍工作。通常，變壓器的負載為其定額負載的 75% 時，變壓器效率最高。因此要根據飯店總負荷，合理控制變壓器運行臺數，調整或更換過載及欠載變壓器，並提高變壓器檢修質量，以減少損耗。

　　（3）加強用電設備的維修工作。加強用電設備的維護保養，及時檢修，可以降低電耗，節約用電。例如，做好電動機的維修保養，減少轉子的轉動摩擦，降低電能消耗；加強線路的維護，消除因導線接頭不良而造成的發熱以及線路漏電現象，既可節約電能，同時又可保證供電安全。

　　（4）做好電動機的節能工作。電動機在飯店應用比較廣泛，幾乎所有的機械設備都要電動機拖動。在使用過程中正確選擇和合理搭配電動機容量，對合理用電、節省電力是十分有效的。做好電動機的節能工作還應注意以下幾方面：

　　①做好電網電壓管理，保持電網電壓穩定，是保證電動機正常運行的重要條件。電壓下降或升高都將造成電動機損耗增加，效率下降。

　　②加強對機電設備，尤其是大功率機電設備的管理，直接關係到設備系統運行質量以及飯店的能耗狀況。

　　③機電設備在運行時值班人員要透過儀表和感官監視設備的運行情況，及時發現問題。

第二節 飯店給水、排水系統的運行及其管理

一、飯店經營對給水系統的要求

（一）用水供應充足

飯店檔次的高低，設備設施的完善程度對用水量的影響很大。有游泳池、洗衣房、三溫暖房的飯店，其用水量比以住宿為主的同等類型飯店的用水量要大得多。統計資料表明，以標準客房計算，各檔飯店的日用水量是：

五星級飯店為 2000 ～ 2200 升 / 間·日；

四星級飯店為 1500 升 / 間·日；

三星級飯店為 1000 升 / 間·日。

按照這一比例推算，一座擁有 400 間客房的三星級飯店，每天的用水量將達到 400 噸。但是無論何種檔次的飯店，都必須能保證供水，滿足飯店經營和客人住宿的需要。

（二）水壓要求適中

飯店給水系統中水壓不能過高，也不能過低。水壓過高，使用時不僅出水量太大，且水流四濺，使用不便，還會降低給水配件的使用年限；有時還會引起水錘，造成管道振動，發出噪音。水壓過低則出水量過小，甚至缺水，給使用帶來不便。

（三）水質滿足要求

飯店供水系統的水質應該滿足使用的要求，在不同水質要求下，提供的水質應該有所區別。例如，飲用水水質必須達到國家飲用水水質標準，但是灌溉用水的水質要求就要低得多。對水質作不同的區分，有利於對水的循環使用，節約用水。但如果水質不能達到使用要求，就會有大量的水浪費。例如，客房生活用水出現黃水，客人在使用過程中，就會有大量的水浪費掉。飯店還必須注意到水質不僅僅是指水的質量，還包括水的溫度、壓力，這些指標也應滿足使用者的要求，否則會出現水的浪費。

二、給水系統的設備構成

飯店給水系統一般包括室外給水系統和室內給水系統。室外給水系統是將水從天然水源中取出，經過淨化、加壓後用管道送到各用戶。室內給水系統則是將水從室外給水管網中引入，採用適當的給水方式，將水供給到各用水設備。飯店室內給水系統由輸水管網、增壓設備、配水附件、計量儀器及儲水設備設施等組成。

（一）儲水池及水箱

城市供水管網的水首先進入儲水池。儲水池一般建在地下，起調節作用。有的飯店分別建有生活水池、消防水池，有的則合用一個水池。儲水池容積根據飯店日用水量確定，一般應能儲備 1～2 天的用水量，所以儲水池容積從幾十立方公尺到幾百立方公尺不等。

（二）水泵

水泵是將電動機的能量傳遞給水的一種動力機械，它是提升和輸送水的重要工具，是室內給排水、加熱等工程中常用的機電設備。水泵的種類很多，有離心泵、活塞泵、軸流泵、潛水泵等，飯店所用的水泵大多是離心泵。

1. 離心泵的構造和工作原理

離心水泵的主要工作部分是葉輪、泵殼、泵軸、軸承以及與泵體連接的吸水管和出水管，如圖 2-6 所示。水泵在啟動前，首先在泵殼和吸水管中注滿水，當葉輪透過泵軸在電動機帶動下旋轉時，充滿於葉片間的水被葉輪帶著一起轉動產生離心現象，當水到達和泵殼相切的出水管端時，就沿切線方向沖入出水管流出。由於部分水從泵殼流出，使葉輪的進口處和吸水管內形成真空，在大氣壓力的作用下，水由吸水管進入泵內，水泵連續運轉，水就源源不斷地被吸入又被壓出。

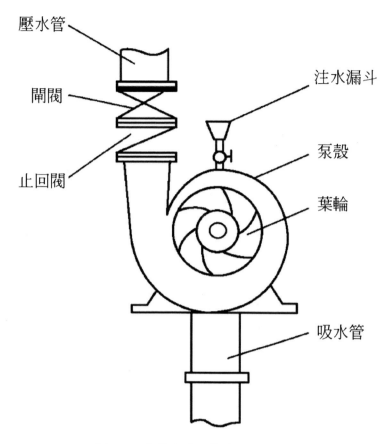

壓水管

注水漏斗

閘閥

泵殼

止回閥

葉輪

吸水管

圖 2-6 單級離心水泵構造示意圖

2. 水泵的主要性能參數

（1）流量。水泵在單位時間內所輸送的水的體積，稱為水泵的流量，以符號「Q」表示，單位是 m3/h 或 L/s。

（2）揚程。水泵在排出口所產生的壓力叫壓頭，它以能把水送到某一高度表示，故又稱揚程。揚程的符號為「H」，單位是 m。例如一臺水泵的揚程是 15 m，則表示該水泵能將水送到 15 m 高的地方。流量和揚程表明水泵的工作能力，是水泵最主要的性能參數。

（3）吸程。吸程是水泵能吸入水的高度，也就是水泵運轉時吸水口前允許產生的真空度的數值。通常以符號 H 表示，單位為 m。這個參數是用以確定水泵安裝時與水池的相對高度。

（4）配套功率。水泵是由電動機作為動力的。不同的水泵應配上相應功率的電動機，配套功率是指水泵應配電動機的功率，用符號「P」表示，單位是 kW。

（三）屋頂水箱

水泵將水注入屋頂水箱，水箱能貯備一定的水量，造成穩定水壓、調節水量和保證供水的作用。飯店水箱可用鋼筋混凝土、鋼板或 PVC 塑料材料製作，水箱容積視飯店規模、設計要求確定，通常在 10 ～ 70 立方公尺之間。水箱分為兩格，以便清洗檢修時不停水。水箱上設有進水管、出水管、溢水管、排汙管，水箱內裝有浮球閥和水位控制裝置。水箱應定期清洗，如係鋼板製成的，內側在清洗的同時用油漆刷新，以防止生鏽。要定期檢查各閥門的開關狀況，生活給水及消防水位是否有保證，水位信號及報警裝置和水泵自控裝置是否作用良好，有無因關閉不嚴密而造成水自溢以及浮球下落時給水是否正常等。在二次供水系統中，如系統不能保證水質，則要增加消毒措施。

（四）輸水管網

輸水管網主要由給水管道和各種管件組成。

1. 給水管道

室內給水管道應有足夠的強度，具有安全可靠、堅固耐用、便於加工安裝等特點。飯店常用的給水管道有鑄鐵管、鋼管、紫銅管和 PVC 複合管等，不同的管道以不同的方式連接。

2. 鋼管管件

鋼管用螺紋連接時，無論是使管子延長、分支或者轉角、變徑等，都要用到各種管件。常用的管件有：管箍、異徑管箍、活接頭、補心、對絲、根母、

90°彎頭、45°彎頭、異徑彎頭、等徑三通、異徑三通、等徑四通、異徑四通、絲堵等。以上管件中，等徑的規格常用的為 15～50mm，異徑的規格用 D×d（mm）表示，一般 D = 20～50 mm，d = 15～40 mm，同一異徑管件 D＞d。以上管件是用可鍛鑄鐵或軟鋼（熟鐵）製成，也分為鍍鋅（白鐵）與非鍍鋅（黑鐵）兩種，要與相應的管材配合使用。

（五）輸水管網附件

輸水管網附件分為配水附件和控制附件兩類。

1. 配水附件

配水附件是指安裝在衛生器具及用水點的各式水龍頭，用以調節和分配水流。飯店用的水龍頭有普通的水龍頭，各種盥洗龍頭，冷、熱水混合龍頭以及小便斗龍頭和消防龍頭等。

2. 控制附件

控制附件是用來開啟和關閉水流，調節水量的裝置。飯店供水系統中常用的控制附件有閘閥、截止閥、止回閥、旋塞、浮球閥等。

（六）水表

水表是一種計量系統用水量的儀表。目前，常用的是流速式水表。它的計量原理是：管徑一定時，通過水表的水流流速與流量成正比關係。水流透過水表推動翼輪旋轉，然後透過傳動機構使計數度盤指針轉動，根據計數度盤的讀數就可獲得通過的流量累積值。

三、給水方式

飯店給水系統的給水方式是根據飯店建築的特點和用水要求以及城市給水管網提供的水壓制定的。飯店常用的給水方式主要有三種。

（一）直接給水方式

當城市給水管網的水量、水壓在任何時候均能滿足飯店用水的要求時，可採用直接給水方式，這種給水方式一般適用於 4 層以下的低層建築用水，如圖 2-7 所示。

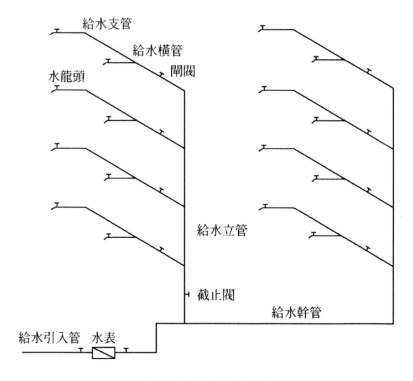

圖 2-7 直接給水方式示意圖

（二）設有儲水池、水泵和水箱的給水方式

城市給水管網的水量、水壓達不到要求時，可以採用設有儲水池、水泵和水箱的給水方式，如圖 2-8 所示。來自城市給水管網的水進入儲水池，用水泵增壓提升，並利用水箱調節流量。由於儲水池和水箱儲備一定的水量，在停水、停電時可延時供水，從而提高了供水的可靠性，水壓也比較穩定。一般多層的飯店均採用這類給水方式。

（三）分區供水的給水方式

國際統一的對高層建築的劃分標準為：第一類：9～16層（最高50公尺）；第二類：17～25層（最高75公尺）；第三類：26～40層（最高100公尺）；第四類：40層以上（100公尺以上）。若飯店為高層建築，就必須在垂直方向分成幾個區分別供水，否則下層的水壓過大，會產生許多不利影響，例如用水時會引起噴濺現象；頂層會斷水，還會出現虹吸現象，造成回流汙染。此外，如果不分區供水，則水的落差大，壓力大，管材及零件的磨損就大，檢修頻繁，壽命縮短，增加管理和運行的費用。所以，高層飯店要按衛生潔具所允許的最大靜壓來決定分區的高度，一般情況下，高層飯店的垂直分區高度定為30～40公尺。

高層飯店的分區供水主要有3種形式：高位水箱式、氣壓水箱式和無水箱式。

1. 高位水箱式

高位水箱式是指在每一個給水分區的頂部，設置一個水箱，每個水箱擔負該區的供水，這樣就可以保證給水管網的正常壓力。高位水箱式又可以分為並列給水方式、減壓水箱給水方式、減壓閥給水方式，如圖2-9所示。並列給水方式水泵集中，管理簡單，造價低而且安全可靠。減壓水箱給水方式則是將飯店所有用水全部送到屋頂水箱，然後再送至分區水箱，分區水箱造成減壓作用。這種方式的優點是水泵數量少，設備投資降低，但它的缺點也很明顯：結構造價高，耗能較大。減壓閥給水方式是用減壓閥代替減壓水箱的一種方式，節省了設備所占用的面積，但管理的要求高。

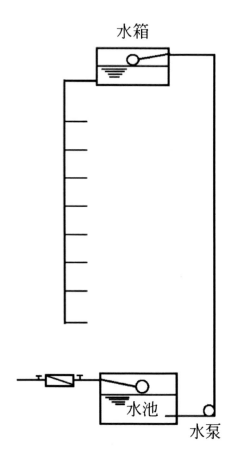

圖 2-8 設有儲水池、水泵和水箱的給水方式示意圖

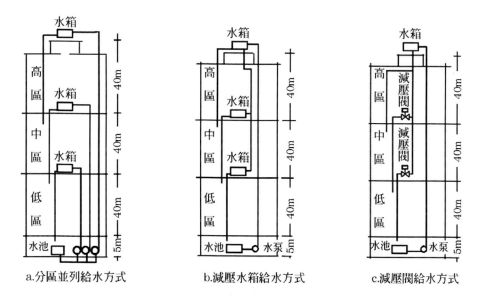

圖 2-9 高位水箱給水方式示意圖

2. 氣壓水箱式

　　氣壓水箱式取消了高位水箱，以氣壓水箱控制水泵的間歇工作，並保持管道中有一定的水壓，其工作原理如圖 2-10 所示。

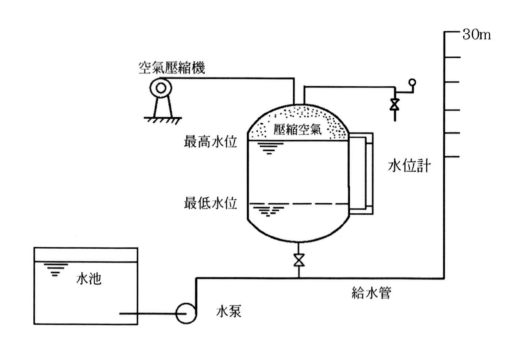

圖 2-10 氣壓水箱工作原理示意圖

　　氣壓水箱的給水方式有兩種：並列氣壓水箱給水方式和氣壓水箱減壓閥給水方式，如圖 2-11 所示。

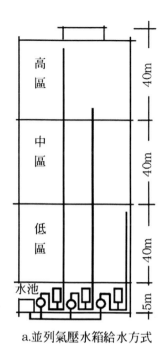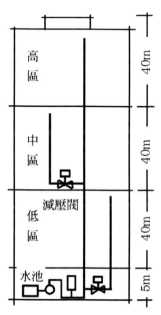

圖 2-11 氣壓水箱給水方式示意圖

　　並列氣壓水箱給水方式在每個區設一個氣壓水箱，分區明確，但投資大，水泵啟動頻繁，耗電多。而氣壓水箱減壓閥給水方式的優點是投資少，但各個分區相互有影響。

　　3. 無水箱給水方式

　　無水箱給水方式也稱高壓給水方式，它採用先進的變速水泵保持管網中恆壓，這種給水方式占用建築面積較少，但變速水泵及恆壓自動控制設備投資較大，且維修複雜。它主要有兩種形式：無水箱並列方式和無水箱減壓閥給水方式，如圖 2-12 所示。無水箱並列方式的一次性投資較大，但運行費用較小。而無水箱減壓閥給水方式的系統簡單，但運行費用高。

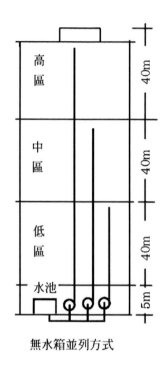 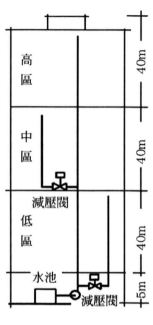

圖 2-12 無水箱給水方式示意圖

四、給水系統的管理

（一）水泵的管理

水泵是給水系統中的重要設備，透過它將水送往高處。為了確保飯店的正常給水，必須做好水泵的維護保養工作。水泵的維護保養主要分為日常維護和計劃維護。

1. 日常維護

（1）檢查各水泵及電機運行狀況是否完好，各儀表及壓力表是否準確。

（2）檢查各系統中的管道配件、法蘭連接處和各閥桿填料壓蓋。

（3）檢查水泵軸端的填料壓蓋（應有 10 ～ 20 滴 / 分的滴水），當滴水成線狀時應調整填料壓蓋的緊度。

（4）檢查控制箱各控制開關的接線是否有鬆動。

（5）清潔擦拭水泵與電機外部的油垢。

2. 計劃維護

（1）檢查各水泵軸承的潤滑油狀況、磨損狀況。

（2）檢查水泵與電機連接器及地腳螺釘的牢靠狀況。

（3）檢查葉輪與殼體間的配合狀況。

（二）水耗統計

飯店的耗水量是比較大的，節約用水，是飯店節能的一個重要環節。要做好節約用水工作，完善的水耗統計制度是基礎。

1. 完善水耗計量網點

飯店給水引入管處安裝的水表只能反映飯店總耗水量，不能反映飯店各用水部門的用水量，無法控制用水及核算成本，也無法對各個部門提出節約用水的指標。因此飯店需在各用水部門的給水管道以及大型用水設備上安裝水表，形成水耗計量點，以掌握飯店各個部門的耗水情況。

2. 水耗的統計及分析

工程部每天都應抄表，並將每日耗水量分別與上一天比較，與客流量比較，與額定耗水量比較。在對比分析中，若數據差異較大，應立即查找原因，並提出解決辦法和措施。透過一段時間的分析比較，可掌握飯店各部門的用水規律，以便進一步做好節約用水工作。

（三）設備保養及巡檢

現代飯店的給水系統一般都是自動運行的，無須專人值班，但應做好設備的日常保養和巡迴檢查工作。巡檢的主要內容有以下幾方面：

1. 水泵的檢查

（1）檢查水泵與電機的外部情況，無關物品不得放在水泵及電機旁。保持泵房整齊、清潔。

（2）檢查系統有無泄漏情況，除水泵填料壓蓋端允許每分鐘有 10 ～ 20 滴的滴水，其他部位及連接處不應泄漏。

（3）檢查泵與電機的連接軸是否可靠，防護罩是否完好。

（4）檢查各儀表是否齊全，是否都在校驗期內。指針（顯示）是否正常。

（5）檢查水泵軸承杯的油量是否充足，油量不足要及時補充。

（6）檢查電器控制箱外部各儀表與啟動按鈕、轉換開關是否完好，指示燈及位置是否正確。

（7）檢查控制箱內部電源開關和各觸點接線頭是否牢靠。箱內不得有任何雜物及金屬線頭。

（8）對運行中的水泵，要檢查額定工作電流、出水壓力是否正常，運轉是否穩定。

（9）檢查水泵及電機的軸承及殼體溫度。

2. 管道和閥門的檢查

（1）檢查閥門是否鏽蝕，開關是否靈活。

（2）檢查閥門與管道連接處、管道與管道連接處有否漏水。

3. 水箱的檢查

（1）檢查水箱的水位是否正常。

（2）檢查水箱有否漏水。

（3）檢查水位控制開關是否靈敏。

4. 用水設備及衛生潔具的檢查

飯店泄漏最多的地方是用水設備和潔具的水龍頭。如水龍頭因墊圈磨損，不能緊閉造成漏水；有的抽水馬桶水箱漏水。即使是點滴的漏水，浪費也是

很大的。據測算，一個龍頭一秒鐘滴一滴水，則一小時就要漏 1 升水；一天漏 24 升，一年漏 8760 升，合 8.7 噸水。所以，客房服務員要將漏水情況及時報告，維修人員要及時修復。對於各用水設備，飯店員工應主動做好維護保養工作，防止發生泄漏。

五、飲用水供應

亞洲人飲水習慣是喝熱開水（茶），所以，幾乎所有的飯店都有開水供應。開水的製備方法有許多種，主要有蒸汽加熱、電加熱、燃氣加熱等。

（一）集中製備開水

大部分飯店的開水是以樓層或部門（例如餐廳）為單位集中製備的，然後分裝供應到各房間。飯店客房每天都為客人更換開水，平均每間標準房 1～2 瓶開水。每天無論客人是否使用，都要倒掉陳水，換上新製備的開水，以保證水溫和水質。顯然，這種供水方式浪費比較嚴重。

（二）分散製備開水

為了減少集中製備開水中存在的浪費，有的飯店採取分散供應的方式，即飯店在每間客房配備電熱壺，由客人根據需要自行製備開水。電熱壺的存水量比熱水瓶少，而且是在客人需要時使用，這樣大大減少了水的浪費和能源的浪費。這種開水供給方式在越來越多的高星級飯店被採納，效果良好。

（三）提供涼開水和冰塊

在不少接待外國客人的飯店，為滿足他們飲用涼水的需要，飯店提供飲用涼水。最簡單的方式是把開水置於容器中冷卻，然後送到客房，同時送上冰塊。這種方式會增加一定量的能耗及空調負荷，但仍是一種比較方便、快捷的做法。

（四）提供瓶裝純淨水

為了提高飲用水的水質，有的飯店在每個房間提供瓶裝純淨水，這對提高飲水質量有益，但是大大增加了經營成本。

（五）設置冷熱飲水機

當飲水機開始在市場上出現後，一些飯店在客房裡設置了冷熱飲水機。但這種提供飲用水的方式是不適合在客房使用的。任何瓶裝純淨水在開啟後的保質期均為 48 小時，而客房放置的桶裝純淨水在兩天內一般用不完。繼續用，不符合衛生條件，換新的又造成浪費。

（六）管道純淨水

飯店管道純淨水系統以自來水或地下水作為原水，透過水處理技術，將處理後的純淨水透過專門的純淨水管道輸送到每個客房中，在客房配有專門的純淨水管道，客人可直接從純淨水管道上的水龍頭取用；或者將純淨水管道輸送到每層樓的開水間，再由服務員將水送到每個客房。

管道純淨水的前期投入較大，維護要求高，但水質較好，從長期看，其經濟效益優於其他飲用水供給方式。

六、排水系統

（一）飯店排水種類

室內排水系統按其所接納的汙（廢）水的性質，可分為五類。

1. 糞便汙水排水系統

糞便汙水是從大便器、小便器排出的汙水，含有便紙及糞便雜質，故糞便汙水排水系統還應配置糞便汙水處理設施，經處理後的汙水才能排入室外汙水管道。

2. 生活廢水排水系統

生活廢水是從洗臉盆、浴盆等器具排出的廢水，水中含有鹼性的洗滌劑和洗滌下來的細小懸浮雜質，所以生活廢水比生活汙水要乾淨些，生活廢水排水系統可直接排入城市汙水管道。

3. 廚房廢水排水系統

廚房排出的廢水含大量的油脂,需經除油處理,故應單獨設置廚房廢水排水系統。

4. 洗衣房廢水排水系統

洗衣設備的排水量比較大,有時還含有一定的鹼性,因此洗衣房排水系統應設明溝和集水池,經汙水泵輸送至城市汙水管道。

5. 屋面的雨、雪水排水系統

屋面雨、雪水排水系統專門排除屋面雨、雪水。水中僅含有從屋面沖刷下來的灰塵,比較乾淨,可直接排放到城市汙水管道中。

(二)排水系統構成

排水系統由汙(廢)水收集器、排水管道、通氣管及汙水處理的構築物組成,如圖 2-13 所示。

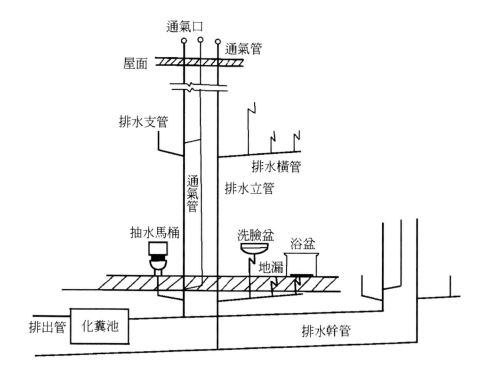

圖 2-13 室內排水系統的組成示意圖

1. 汙（廢）水收集器

汙（廢）水收集器是指各種產生和收集汙（廢）水的衛生潔具，例如大便器、小便池、洗臉盆、洗澡盆、洗滌盆、地漏、雨水斗等。

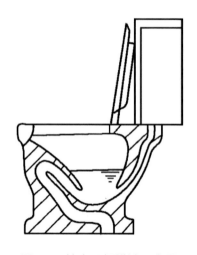

圖 2-14 抽水馬桶構造示意圖

（1）抽水馬桶。圖 2-14 是抽水馬桶構造原理示意圖，其彎曲部分保留一定的水量，造成兩個作用，一是造成水封作用，防止排氣管的臭氣逸出；二是沖水時產生虹吸作用，把馬桶中的水連糞便和雜物一起吸進排水管。

馬桶上面設有沖水箱，按沖水原理可分為虹吸原理和浮力原理。抽水馬桶也有不使用水箱而用壓力閥沖水的。

（2）小便器

小便器的形式有掛式和立式兩種，每種小便器都有沖水閥門，下部裝有存水彎。

（3）洗臉盆

洗臉盆上裝有冷、熱水龍頭，冷熱水龍頭有的是分開的，有的則是冷熱水混合龍頭。洗臉盆排水口接有存水彎，有的存水彎帶有清掃口。清掃雜質時可打開清掃口進行清掃。

（4）浴盆

浴盆除了裝有冷水、熱水龍頭（或混合龍頭）外，還配有淋浴器，可供不同需要的客人使用。浴盆排水口也接有存水彎。

（5）地漏

地漏設在洗手間、公共廁所及其他需要大面積排除汙水的房間內。地漏有各種形式，圖 2-15 是鐘罩式地漏。地漏內有一個開口向下的鐘罩，上部蓋有篦子，以阻止雜物進入管道。這種地漏由於水封較淺，水封內的水容易蒸發，所以要安排服務人員定期向地漏內灌水，保持水封，防止臭氣逸出。

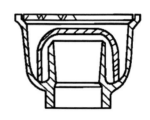

圖 2-15 鐘罩式地漏結構示意圖

2. 排水管道

排水管道除了排水支管、排水橫管、排水立管、排水乾管和排出管外，為了防止排水管道中有害氣體進入室內，支管上必需接水封裝置（又稱存水彎），以形成水封。存水彎有 P 形和 S 形兩種，如圖 2-16 所示。

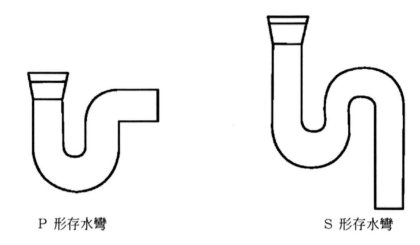

P 形存水彎　　　　　　　　　　S 形存水彎

圖 2-16 水封裝置示意圖

3. 通氣管

有的排水橫管承接的汙水收集器具較多，有的排水立管較長，當幾個衛生潔具同時放水時，立管就可能被水充滿而形成水塞，產生虹吸作用，破壞部分衛生器具中的水封，使臭氣外泄。為了防止這種情況發生，排水系統必需設置通氣管，通氣管應伸出屋頂 0.3m 以上，並設鉛絲球通氣帽或鍍鋅鐵皮風帽，防止雜物和小動物進入。

4. 化糞池

化糞池用於處理糞便，化糞池的構造如圖 2-17 所示。糞便中含有大量的有機雜質、細菌和寄生蟲卵，經過厭氧處理沉澱後，可以殺滅細菌和蟲卵，上浮的清水排入城市的汙水管網，沉澱物由環衛部門定期抽取。

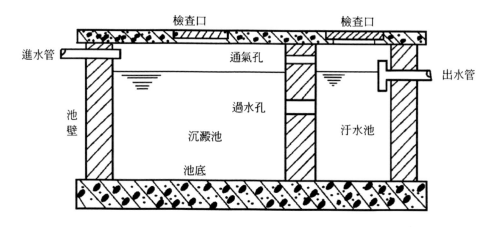

圖 2-17 化糞池構造示意圖

5. 隔油池

在飯店廚房排出的廢水中，含有較多的動、植物油脂，此類油脂進入排水管後，隨著水溫的下降，將凝固並附著於管道上。這樣就會縮小管徑甚至堵塞管道。因此必須在廚房排水系統建造隔油池，隔油池的構造如圖 2-18 所示。

含油脂的廢水從進水管進入隔油池後，大大降低了流速並且改變了流動方向，使油脂全部浮在水面上，由於被隔板擋住，始終留在隔油池內，可以較容易地清除。不含油脂的廢水則透過隔板下部，從出水管流出。

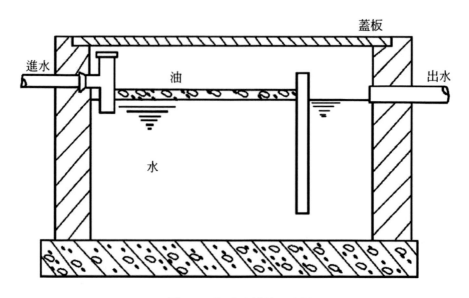

圖 2-18 隔油池構造示意圖

（三）排水系統的管理要求

　　排水系統是飯店唯一不需要動力的系統，一般是隱蔽安裝的，因此，常常被人們忽視。在飯店設備運行過程中發現，排水系統運行不良，會給飯店運行帶來阻礙。飯店的五大排水系統中問題最多的是廚房廢水排水系統，因為廚房排出的廢水含有大量的油脂，需要經過除油處理。最基本的除油方法是在廚房每一個下水口安裝隔油池，再在廚房的總排水口安裝大型隔油池。所有隔油池必須進行定期清潔，打撈出廢油以保持隔油池的有效性。目前，有些飯店沒有安裝隔油池，有的飯店安裝了隔油池但沒有進行清潔，導致廚房下水管道堵塞，且排放廢水的含油量很高。實驗表明，油汙在管道內積存六個月以上就會變成堅硬的塊狀物，使下水管道報廢，這一點必須引起飯店的重視。

　　對洗衣房廢水排水系統而言，主要的問題是對水的再利用，一般洗衣房排水量很大，可利用的水也很多，飯店可以透過對洗衣廢水的簡單處理將水再用於外圍場地的清洗、車輛的清洗，還有的飯店將洗衣廢水直接用於水幕除塵，效果非常好。

除了水處理的問題外，排水系統在管理中的另一個問題是防止堵塞，及時疏通。雜物進入排水系統是造成排水系統管道堵塞的最主要原因，飯店應制定相應的管理要求，嚴禁員工將雜物倒入下水道，並要指定專門人員進行巡檢。一旦發現問題應及時清理、疏通。

第三節 供熱系統的運行及其管理

飯店有許多設備和服務需要熱能，為此，飯店設有相應的熱能供應系統。常見的熱能供應系統是鍋爐供熱系統。隨著城市熱力管網的發展，有越來越多的飯店利用城市熱力管網。對採用城市熱力管網供熱的飯店來說，供熱系統比較簡單，而採用鍋爐供熱的飯店，其供熱系統就成為飯店的一個重要設備系統。鍋爐蒸汽的供應狀況，影響到飯店的經營；鍋爐能源的利用狀況關係到飯店的經濟效益以及環境保護。

一、供熱系統的設備構成

（一）鍋爐水處理設備

1. 鈉離子交換器

鍋爐用水必須是軟水，含有各種雜質的水，若不經處理，直接供給鍋爐，會形成水垢，對鍋爐的安全、經濟運行危害很大，而且會縮短鍋爐的使用壽命。城市管網提供的水大多是硬水，不能直接進入鍋爐使用。

鍋爐水的軟化處理一般用離子交換法，它是用其他易溶於水而不形成硬度的陽離子（例如鈉離子 Na ＋等）置換出容易形成硬度的鈣離子、鎂離子，使硬水變成軟水。能夠用來進行離子交換的物質叫做離子交換劑。交換過程在鈉離子交換器中進行。處理時，離子交換劑將自身帶有的鈉離子與鎂、鈣化合物中的鎂、鈣離子作交換。交換下來的鎂、鈣離子與交換劑化合，留在離子交換器中，而原有的鎂、鈣化合物被鈉離子置換後生成溶於水的鈉化合物，這些鈉化合物在水沸騰時不產生沉澱，於是原來的硬水經鈉離子交換軟化處理後變成了軟水。這種鈉離子交換軟化處理法是鍋爐普遍採用的一種爐外化學處理給水的方法。

2. 除氧器

在鍋爐的給水中，含有許多溶解的有害氣體，如氧、氮、二氧化碳等。其中，氧對金屬的腐蝕作用是主要的，因此，除氧是防腐的主要任務。除氧透過除氧器來實現。除氧器一般採用熱力除氧法為多，它是利用提高水溫使水中的氣體溶解度降低來實現的。除氧過程，不僅除去水中的溶解氧，同時也對其他有害氣體具有清除作用。

（二）鍋爐運行

目前飯店使用的鍋爐按照所使用的燃料的不同，主要有兩大類：燃煤鍋爐和燃油鍋爐。

1. 燃煤鍋爐

（1）燃煤鍋爐的構造。燃煤鍋爐是由鍋本體、爐本體、爐牆構架、輔助設備和附件等組成。鍋本體是指鍋爐設備中的汽水系統，主要由鍋筒、下聯箱、下降管和水冷壁等組成。爐本體是指鍋爐設備中的燃燒系統，即由爐膛、爐排、煙道和煙箱組成。

（2）燃煤鍋爐的工作過程。燃煤鍋爐的工作分為三個過程，如圖 2-19 所示。

①燃燒過程。燃煤從鍋爐前端的煤斗進入爐膛內的鏈條爐排上，鼓風機將空氣透過各風室，穿過爐排，送入爐膛內，使爐排上大顆粒的煤塊燃燒，少量細小顆粒的煤屑隨風飄起，在爐膛內燃燒。鏈條爐排不停地將煤向後運送，使煤逐漸燃盡，最後變成爐渣，從尾部排出。

②傳熱過程。煤的燃燒放出大量的熱能，首先以輻射形式傳給水冷壁和鍋底，使水冷壁管中的水汽化。燃燒生成的高溫煙氣向爐膛後流動，形成煙氣的第一回程。煙氣從鍋筒後部的煙道口進入鍋筒內第一組煙道向前流動，將熱量傳給鍋筒內的爐水，這是煙氣的第二個回程。煙氣進入前煙箱後，作 180°轉向，進入鍋筒的第二組煙道。在第三回程中，煙氣繼續將熱量傳給爐水，然後透過省煤器將餘熱傳給進入鍋爐的冷水，最後透過引風機從煙囪裡排出。

③蒸發過程。由給水泵送入鍋爐的水,首先透過省煤器預熱,而後進入鍋筒,鍋筒裡的水從下降管流入鍋爐下部的下聯箱。下聯箱與鍋筒之間還有密布排列在爐膛壁的水管組(稱為水冷壁)相連。水冷壁是直接接受燃燒輻射熱的部分,水冷壁中的水受熱汽化上升,進入鍋筒進行汽水分離,蒸汽積聚在鍋筒上部,從蒸汽出口引出。

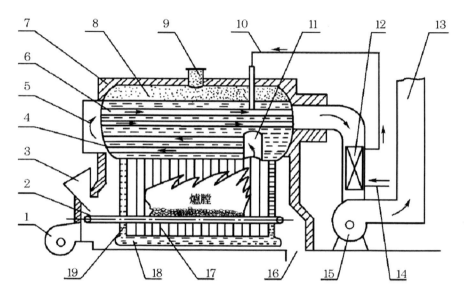

1.鼓風機　2.鍊條爐排　3.煤斗　4.第一組煙道　5.前煙箱　6.第二組煙道　7.鍋爐外牆
8. 鍋筒　9.蒸汽出口　10.給水管　11.煙道口　12.省煤器　13.煙囪　14.省煤器進水管
15.引風機　16.出灰口　17.水冷壁　18.下聯箱　19.下降管

圖 2-19 臥式快裝鍋爐的構造與工作過程示意圖

燃燒過程進行得好壞,直接影響鍋爐的經濟性能和蒸汽的產量。水在預熱、蒸發過程中,能否把受熱面吸收的熱量全部帶走,保證金屬結構在允許的條件下工作,決定了鍋爐的安全性能。汽水分離進行得不好,將使蒸汽品質變壞,並直接影響用汽設備的運行效果和設備壽命。

2. 燃油鍋爐

(1) 燃油鍋爐的結構

　　燃油鍋爐的主體一般由鋼構件銲接而成，爐體內的火管設計成四程式結構。前端門由鉸鏈與爐體連接，端門打開時，爐管完全暴露，檢視保養十分方便。後端門的開啟為懸臂式，耐火材料完全嵌入端門中，維護簡單。如圖 2-20 所示。

　　（2）燃油鍋爐的工作過程。燃油和空氣混合後透過燃燒器在爐體內的燃燒室燃燒（首程）。由於助燃空氣的適量補充，噴出的火焰在未到達爐膛壁之前，已完全燃燒，故無積灰現象。首程灼熱的煙氣在強力的通風系統誘導下，經後端門下煙箱從燃燒室兩側的第二程煙道回到前煙室，再透過爐體中部第三程煙道到後端門上煙箱，最後透過最上層的第四程煙道，經煙道口引入煙囪排出。當燃燒後的熱氣透過四回路時，接觸較大的傳熱面積，熱量便充分地傳遞到鍋內水中，使水沸騰產生蒸汽。

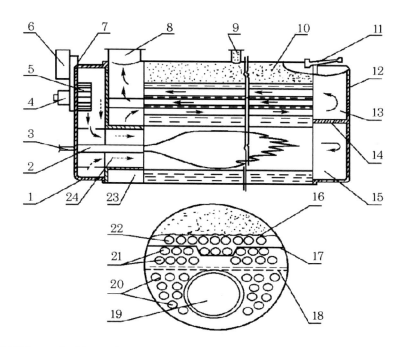

1.前端門　2.燃燒組合器　3.輸油器　4.電動機　5.風機　6.控制箱　7.空氣入口
8.煙道口　9.蒸汽出口　10.蒸汽　11.懸臂　12.後端門　13.上煙箱　14.後隔板
15.下煙箱　16.最高水位　17.前隔板　18.最低水位　19.燃燒室(首程)　20.第二程煙道
21.第三程煙道　22.第四程煙道　23.前煙室　24.助燃空氣室

圖 2-20 CB 燃油鍋爐結構示意圖

3. 鍋爐的主要參數

鍋爐是受壓容器，其功能是產生蒸汽。鍋爐的性能即產生蒸汽的能力，主要用蒸發量、蒸汽壓力和蒸汽溫度表示。在同樣的蒸發率下，鍋爐的受熱面積和蒸發量成正比，受熱面積越大，蒸發量也就越大，通常把受熱面積和蒸發量、蒸汽壓力、蒸汽溫度三項參數並列表示一臺鍋爐生產蒸汽的能力。

（1）蒸發量。蒸發量表示一臺鍋爐每小時能產生的蒸汽量，單位是噸／小時，用符號 t/h 表示（熱水鍋爐蒸發量是以供熱量表示，單位是 M J/h），蒸發量和受熱面積的關係可由下式計算：

蒸發量＝受熱面積 × 蒸發率

蒸發率是指一小時內單位受熱面積蒸發水的量。

（2）蒸汽壓力

蒸汽壓力指蒸汽對鍋爐各個部件單位面積上所施壓的力，單位是 MPa，例如一臺鍋爐壓力是 1.25MPa（13kgf/c m²），意思是在額定工況下，這臺鍋爐每平方公分的鋼板或鋼管面積上承受 1.25MP（a 13 公斤）的力。

（3）蒸汽溫度

蒸汽溫度是衡量蒸汽冷熱程度的尺度，在飽和狀態下，蒸汽壓力越高，蒸汽溫度也越高。

（三）分汽缸

鍋爐產生的蒸汽首先進入分汽缸，分汽缸的作用有兩個：一是將蒸汽分別送到各個用汽部門和用汽設備；二是調節汽壓，依靠閥門的調節控制送往各個部門的用汽量。

上述設備安裝在鍋爐房內，完成水汽轉換過程，如圖 2-21 所示。

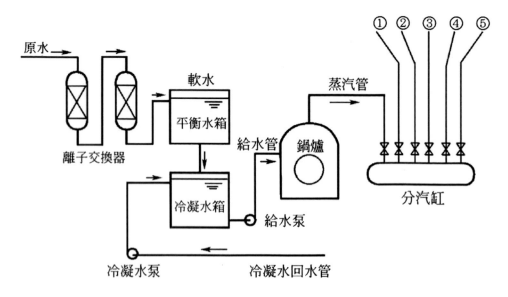

圖 2-21 鍋爐房水汽系統示意圖

（四）蒸汽的使用

飯店的主要用熱部門有廚房用汽，洗衣房用汽，客房用熱水和冬天的加熱。各部門所需的蒸汽都來自鍋爐房的分汽缸。

1. 廚房、洗衣房用汽

廚房、洗衣房用汽屬於直接用汽。有些食品直接用蒸汽蒸煮，有的小型飯店客房樓層的開水也用蒸汽加熱。使用時由分汽缸蒸汽管直接將蒸汽送到廚房各蒸汽灶、蒸汽櫃和各樓層開水爐。洗衣房用汽也是從分汽缸的蒸汽管直接將蒸汽送到洗衣房各用汽設備。部分用熱設備的蒸汽在放熱後，冷卻成冷凝水由回水管流回到鍋爐房，如圖 2-22 所示。

2. 熱水、加熱

飯店的熱水主要供應客房生活用熱水和中央空調加熱用熱水。客房熱水是在熱交換器中用蒸汽加熱而成的。在集中式熱水供應系統中用得較多的是容積式熱交換器。容積式熱交換器是一個用鋼板製造的密閉圓筒，內有蒸汽排管，它既能加熱水，又能貯存熱水，使用、管理較為簡單。為了防止水鏽，高檔飯店的熱交換器排管採用銅管或不鏽鋼管，交換器殼體也襯以銅材或不鏽鋼材。熱交換器的熱源來自鍋爐的蒸汽，蒸汽經蒸汽管進入熱交換器對水進行加熱後，凝結成冷凝水從回水管返回鍋爐；熱交換器加熱的水由水泵透過熱水管網送到各用熱水的地點，從熱水龍頭放出。為了防止熱水管網中的熱水不用時冷卻，熱水管網形成循環路線，如圖 2-23 所示。熱水透過熱水循環水泵始終在熱水管網中循環流動，以保持一定的水溫。熱水的損耗由冷水給水系統補充。

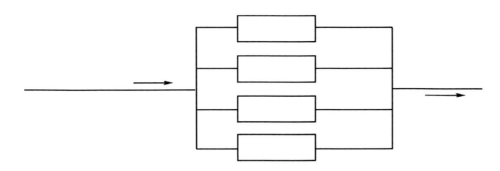

圖 2-22 洗衣房供汽系統示意圖

　　集中式熱水供應系統的分區和給水系統的分區應保持一致。對於廚房、洗衣房及其他部門用的熱水，一般按各自的溫度要求配備專用的熱交換器與循環管網。

　　各分區的熱交換器可集中設置，也可分散設置。集中設置便於管理，占地面積少，但各用水點的冷熱壓差較大。熱交換器分散設置的優缺點正好與集中設置相反。

　　中央空調系統的加熱用熱水也透過熱交換器產生，再送往各空氣集中處理機和風機盤管。

　　（五）冷凝水回收

　　為了節約能源，提高水的利用率，蒸汽透過各種熱交換器冷凝後生成的冷凝水再返回到鍋爐重新加熱生成蒸汽。因冷凝水是已經處理過的軟水，故可直接由回水泵送到給水箱，如圖 2-21 所示。

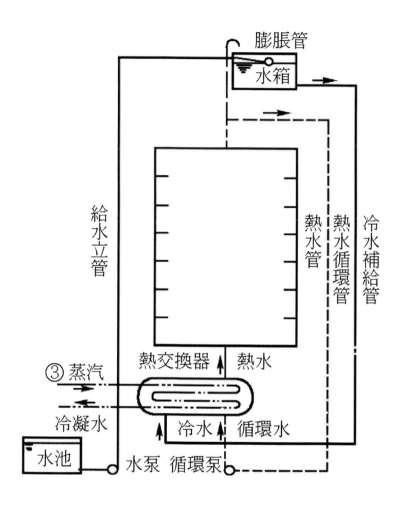

圖 2-23 客用熱水系統示意圖

二、供熱系統的管理要求

（一）鍋爐房的管理

1. 鍋爐的安裝、啟用與技術資料的收集

鍋爐在到貨後及安裝前，必須經過驗收，並檢查規定的隨帶技術資料是否齊全。安裝質量必須符合有關規定。鍋爐在啟用前要向當地勞動部門辦理登記手續。

　　為了便於鍋爐的驗收、安裝、使用和管理，必須建立完善的技術檔案，並由專人保管。技術資料主要包括：

　　①鍋爐使用說明書和質量保證書，受壓容器和金屬材料說明書，強度試驗報告；

　　②鍋爐的出廠合格證及水壓試驗和銲接質量證明書；

　　③鍋爐總圖、受壓部件圖、備件圖、安裝及組裝施工圖；

　　④鍋爐安裝及移交驗收資料、竣工圖；

　　⑤鍋爐安全技術登錄簿，鍋爐的運行情況資料，包括事故報告、缺陷記錄；

　　⑥安全閥監測、試驗報告；

　　⑦水質標準和有關處理設施、制度等。

　　反映鍋爐使用情況的技術資料，應在鍋爐開始投入運行起至報廢止的時間內，按要求準確填寫。

　　2. 鍋爐運行的管理

　　（1）嚴格執行鍋爐安全操作規程。鍋爐運行必須符合勞動局有關規定，例如，水質處理及化驗工作，須有專人負責，並作好記錄；司爐工必須持有操作證，才能進行操作。在進行鍋爐操作時，必須嚴格執行《鍋爐安全操作規程》。《鍋爐安全操作規程》包括以下內容：

　　①運行操作規程；

　　②停爐操作規程（包括暫時停爐、安全停爐和緊急停爐）。

　　（2）鍋爐產生的蒸汽主要耗用於以下三個方面：

　　①用戶所需要的耗汽量；

　　②熱力管道的散熱及泄漏，其消耗量與管道的長度、保溫完善程度、管道內外溫差、管道日常保養有關。損失量一般占輸汽量的 5% ～ 10%；

③鍋爐自身散熱及鍋爐房自用的消耗,如用於除氧、加熱燃油或保溫等。

在鍋爐的運行過程中,為了保證鍋爐安全、正常的運行,並按規定的壓力和數量向用熱部門供汽,必須隨時調整鍋爐所產生蒸汽的壓力和鍋爐負荷;並根據壓力和負荷調整給水、引風量、送風量、燃料的添加量以及鍋爐排汙的次數和數量等。

(二)熱力管網的管理

熱力管網是輸送熱能的管道的通稱,一般載熱工質為蒸汽或熱水。因蒸汽冷凝水回收與蒸汽的生產輸送密切相關,因此我們將蒸汽冷凝水回收管網也列入熱力管網的範圍。

1. 熱力管網的基礎管理

加強熱力管網的基礎管理,是確保熱力系統安全及經濟運行的基本條件。熱力管網的管理基礎是基礎技術資料和基本管理制度。

(1)熱力管網的基礎技術資料

①熱力管網的系統圖與平面布置圖;

②蒸汽閥門與流量計的出廠合格證,管道、支架等圖紙及金屬材料質量保證書,水壓試驗記錄,銲接記錄等;

③用熱部門的用汽參數及不同季節的熱負荷,冷凝水回水量及水質記錄;

④熱力管網腐蝕情況檢查記錄。

(2)熱力管網的基本管理制度

①做好鍋爐送出的蒸汽和經熱交換器送出的熱水的參數測量和流量計算工作;

②確定各用汽(用熱)部門開始與停止用汽(用熱)的聯絡(控制)方法,並按實際情況調整;

③確定輸送熱能、允許增加負荷的波動範圍,以及蒸汽冷凝水回收的數量指標及波動範圍。

（3）熱力管網的運行及維護

熱力管網在投入運行前必須進行一系列的檢查和試驗，只有符合規範才允許投入運行。熱力管網在投入運行後要立即對系統進行全面調整，使熱力管網在最佳供熱方式下運行。所謂最佳供熱方式是指在滿足供熱要求外，使熱力管網的壓力損失要小，熱力管網散熱損失要小，用熱部門開始和停止用熱或出現事故時易於切換及調整，冷凝水回收不受汙染，水量損失小，水溫高。

在最佳供熱方式確定後，熱力管網在運行過程中還要及時進行維護保養，主要的保養工作有：

①及時消除跑、冒、滴、漏現象；

②定期對裸露在外的閥門絲杠加油，並活動一次，以防生鏽咬住；

③脫落的保溫層要及時進行修補；

④每三個月到半年檢查一次熱膨脹情況；

⑤每半年校驗一次壓力表，檢查一次滑動、滾動支架鏽蝕情況，並進行維護保養。

熱力管網停運檢修時，應在冷卻後將其中的積水全部放盡，並盡可能檢查腐蝕情況。

熱力管網在正常運行期間，每天進行核算，確定鍋爐供汽量和用熱部門的用汽量，兩者的差即為熱力網管損失的汽量，如差值較大時，應查明原因，並作出處理。

第四節 製冷系統的運行及其管理

製冷是指用人工的方法在一定的時間和一定的空間內，將物體冷卻，使溫度降到環境溫度以下，並保持一定的低溫。飯店進行製冷是為了在夏季使室內降溫以及對食品進行保鮮和冷藏。

一、製冷的基本原理

人工製冷的方法有許多種，常用的有液體汽化製冷、氣體膨脹製冷、渦流管製冷和熱電製冷等 4 種。目前廣泛使用的是利用液體在低壓下汽化時要吸收熱量這一特性來製冷的，本節主要討論這種製冷方式的原理和方法。

（一）製冷的基本原理

凡是液體汽化都要從周圍介質（例如水、空氣）中吸取熱量，人們就是利用液體的這一性質來達到製冷效果的。製冷裝置的作用就是把被冷卻物體中的熱量取出，並傳遞到溫度較高的周圍介質（水或空氣）中去，從而使該物體的溫度降低，並在一定時間內保持所需要的低溫。這個不斷地從被冷卻物體中取出熱量並轉移到周圍介質中去的過程就是製冷過程。

以壓縮式製冷裝置為例，人工製冷的基本原理如圖 2-24 所示。

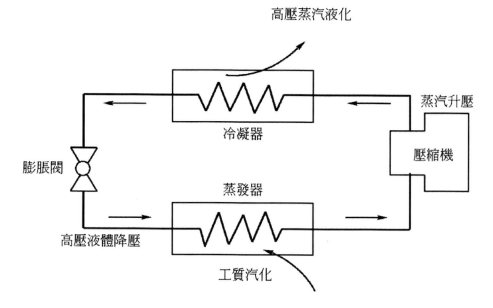

圖 2-24 壓縮式製冷循環工作原理示意圖

壓縮式製冷裝置由壓縮機、冷凝器、膨脹閥、蒸發器四大主要部件組成，用管道連接，形成封閉系統，其工作分為汽化吸熱、抽氣壓縮、冷疑放熱、降壓降溫四個過程。

1. 汽化吸熱過程

蒸發器是一個低壓狀態的容器，液體製冷劑在蒸發器中汽化，需要從周圍介質中吸取熱量。不斷汽化，就要不斷吸取大量熱量，這樣可以使蒸發器管道中的水降溫形成冷凍水。

2. 抽氣壓縮過程

要保持蒸發器內的低壓狀態，使製冷劑不斷汽化，就要用壓縮機抽去蒸發器中因吸收了熱量變成氣體的製冷劑。從蒸發器出來的吸收了熱量的高溫製冷劑氣體經壓縮機的作用變成了高溫高壓的氣體送入冷凝器。

3. 冷凝放熱過程

高溫高壓的製冷劑氣體進入冷凝器後，即把從需降溫的物體中吸收的熱量（汽化熱）連同壓縮機所消耗的功轉化的熱量一起由冷卻水（或空氣）帶走，釋放到室外空間，而製冷劑本身在一定壓力下由氣體重新凝成液體。

4. 降壓降溫過程

高壓常溫的液體製冷劑經過膨脹閥，降低了壓力和溫度，為進入蒸發器實現汽化創造條件。

製冷劑在冷凝過程中所用的冷卻水（例如自來水）的溫度要比被冷卻的水（冷凍水回水）的溫度高得多。因此，人工製冷循環就是吸取低溫物體（冷凍水回水）的熱量傳遞給高溫物體（冷卻水）的過程，這就是人工製冷的基本原理。

（二）製冷劑

製冷劑是製冷系統中產生製冷效果的工作物質，它是一種在低溫低壓下由液體汽化為氣體時能吸收潛熱，而在高溫高壓下由氣體冷凝為液體時要放

出潛熱的物質。也就是說，製冷劑是一種能從一處吸收熱量，而在另一處放出熱量，以達到製冷效應的工質。

1. 製冷劑的特性

製冷劑是一種非常特殊的物質，良好的製冷劑應具有以下特性：

①在大氣壓力下，蒸發溫度要低；

②臨界溫度要高；

③潛熱要大；

④導熱係數要高；

⑤具有化學穩定性；

⑥對金屬沒有腐蝕作用；

⑦與潤滑油不發生化學反應，但混合性好。

2. 常見的製冷劑

常用的製冷劑種類很多，但在冷藏、空調製冷中，主要的製冷劑有氨、氟氯烷和水。

（1）氨（NH3）。氨是一種中溫製冷劑，單位容積製冷量較大，價格便宜。在常溫下不易燃燒，但當空氣中含氨量達到 13.1% ～ 26.8% 時，遇明火有爆炸的危險。氨有強烈的刺激性臭味，對人體有較大的毒性。氨是較早採用的一種製冷劑，在工業生產中普遍使用，早期也曾用於空調製冷，但由於氨有毒性，泄漏後又有爆炸危險，故目前在飯店的空調中不再採用。

（2）氟氯烷。氟氯烷是飽和碳氫化合物的鹵族（氟、氯、溴）衍生物的總稱。大多數氟氯烷本身無毒、無臭、不燃，與空氣混合遇明火也不爆炸，因此很適合在對空間溫度有一定要求的空調中使用，特別適用於直接蒸發的空調設備。

但是，科學研究機構的研究和測量證實，氟氯烷物質破壞大氣臭氧層，嚴重影響人類生存環境。為此，國際「限制破壞臭氧層物質」的蒙特利爾協定規定，要分階段限制氟氯烷的生產和使用。

（3）水。水在溴化鋰吸收式製冷中作為製冷劑。水與吸收劑溴化鋰形成「工質對」，透過水在低壓下沸騰吸熱來達到製冷的目的。由於水在大氣壓力下的沸點比較高，且具有無臭、無味、無毒、無腐蝕性，不燃燒、不爆炸等特點，而且價格低廉，最容易獲得，因而是一種既經濟又安全的製冷劑。

（三）冷媒

當被冷卻對象不能用製冷劑直接冷卻，而需要中間物質來傳遞熱量時，這個中間物質稱冷媒，或稱載冷劑。

冷媒可以是液體、氣體或固體。常用的冷媒有水、鹽水、空氣。飯店中央空調用的冷媒是水和空氣。

二、製冷系統的構成

飯店的製冷系統可以分為製冷機、冷卻水系統、冷凍水系統三個部分。

（一）製冷機

機械製冷中所需機器和設備的總和稱為製冷機。由於製冷機實際上是一組製造冷（凍）水的設備，故通常被稱為冷水機組。製冷機根據製冷方式的不同，可分為兩大類：一類是採用機械壓縮式的冷水機組，另一類是利用熱力吸收式的冷水機組。機械壓縮式冷水機組通常是壓縮機、冷凝器和蒸發器等設備的組合；熱力吸收式冷水機組則包括蒸發器、低溫熱交換器、發生器、吸收器、冷凝器等設備。製冷機是製冷系統的核心設備。

1. 機械壓縮式製冷機

壓縮式製冷是利用壓縮機對製冷劑蒸汽進行壓縮，以便於冷凝，其基本原理如圖 2-24 所示。壓縮式製冷機根據其壓縮方式不同又可分為活塞式、離心式和螺桿式等類型。

（1）活塞式製冷機。活塞式製冷機依靠汽缸內活塞的往復運動（直線運動）和吸、排氣閥片的配合來完成對製冷劑蒸汽的壓縮。它具有運轉可靠、使用方便的特點。但活塞式壓縮製冷機易損件多，零、部件也多，管理維護較複雜，目前的使用量正逐步減少。

（2）離心式製冷機。離心式製冷機是靠葉輪高速旋轉產生離心力的原理來提高製冷蒸汽的壓力，獲得對蒸汽的壓縮，然後經冷凝、節流、蒸發等過程來實現製冷的。離心式製冷機具有重量輕、平衡性好、產冷量大、運轉可靠、操作簡便、無軸封泄漏等優點，適用於大面積空調。離心式製冷機製造加工精度較高，因而維護技術要求也較高。

（3）螺桿式製冷機。螺桿式製冷機是一種新型的製冷設備，也是一種高速回轉機械，沒有活塞式製冷機的氣閥、活塞、活塞環、缸套等易損件，因而壽命較長；運行平衡可靠，維護方便，結構緊湊，起動容易，是較有發展前途的新型壓縮式製冷設備。

2. 吸收式製冷機

吸收式製冷主要是利用某些水溶液在常溫下具有強烈的吸水性能，而在高溫下又能將所吸收的水分離出來，以及水在真空中的蒸發溫度較低的特性而設計成的。

吸收式製冷機主要由發生器、冷凝器、節流閥、蒸發器和吸收器等組成。它所採用的工質是兩種沸點不同的物質組成的二元混合物，其中沸點低的物質稱為製冷劑，沸點高的物質稱為吸收劑，通稱為「工質對」。在溴化鋰吸收式製冷機中，水為製冷劑，溴化鋰溶液為吸收劑。

溴化鋰吸收式製冷的工作過程可分為以下兩部分，如圖 2-25 所示。發生器中產生的冷劑水蒸氣在冷凝器中冷凝成冷劑水，透過膨脹閥節流後進入蒸發器，在低壓下蒸發產生製冷效應。這一過程與蒸汽壓縮式製冷循環完全一樣。從發生器中出來的溴化鋰濃溶液降壓後進入吸收器，吸收由蒸發器中產生的冷劑水蒸氣形成稀溶液，稀溶液由泵輸送到發生器，被蒸汽加熱。由於溶液中水的沸點比溴化鋰溶液低得多，因此被加熱到一定溫度後，溶液中的

水分汽化成為冷劑水蒸氣進入冷凝器，這一部分的作用相當於蒸汽壓縮式製冷循環中壓縮機所起的作用。

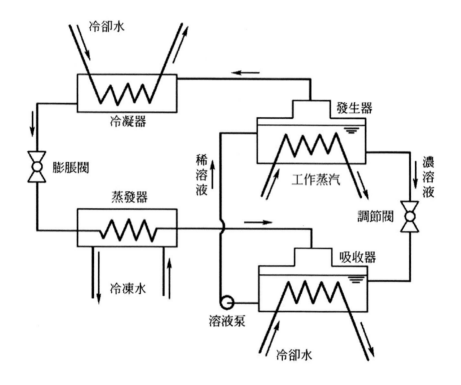

圖 2-25 吸收式製冷工作原理示意圖

吸收式製冷有其獨特的優點，它無機械運動部分，因而運行平穩、振動小、耗電省；對熱能質量要求低，經濟性能較好；所有裝置結構簡單，製造方便，便於控制和管理。由於採用水作製冷劑，不能獲取 0℃以下的低溫，這種製冷方式僅適用於空調系統。此外，溴化鋰在有空氣的情況下，具有強烈的腐蝕性，且價格較高，設備初始投資大，水耗量也很大。

（二）冷凍水系統

飯店中央空調系統中的製冷設備無法用製冷劑直接為飯店各個房間降溫，而需要由中間物質來傳遞熱量，這就要設立冷凍水（冷媒）系統。

1.冷凍水的循環過程

在製冷循環系統中製冷劑在蒸發器內吸熱蒸發，被冷卻的物體就是冷凍水。離開蒸發器的低溫水（7℃左右）在水泵的作用下，透過管道送往分散的空調用戶（空氣處理設備），這就是冷凍水供水。冷凍水供水在空氣處理設備中吸收空氣中的熱量，水溫升高（12℃左右），再回到蒸發器降溫，這種溫度升高回到蒸發器的水就是回水。供水、回水在封閉系統中循環作用的結果是將室內空氣的熱量帶走，排到室外，室內溫度降低，如圖 2-26 所示。

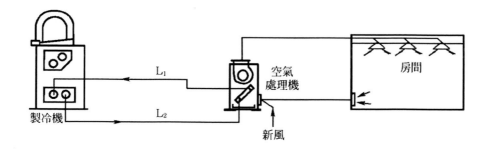

圖 2-26 冷凍水供水系統流程示意圖

2. 冷凍水系統

冷凍水系統可分為雙管系統、三管系統和四管系統三種。

（1）雙管系統

雙管系統由一根供水管和一根回水管組成，夏季的冷凍水和冬季的熱水都在同一條管路中運行。這種系統的優點是系統簡單，初始投資較少。缺點是在春秋過渡季節出現朝陽房間需要降溫、而背陽房間需要供熱時不能同時滿足要求。雙管系統在飯店空調工程中應用較為普遍。

（2）三管系統

三管系統由一根供冷水管、一根供熱水管和一根公共的回水管組成，所以每個空氣處理設備在全年內的任何時候，都可以使房間降溫或取暖，它由溫度調節器自動控制每個機組供水閥門的轉換，使機組接通冷水或熱水。由於這種系統的回水使冷熱水混合，造成能量浪費，故飯店一般不採用三管系統。

（3）四管系統

四管系統的冷水和熱水分別由兩組各自獨立的供水管、回水管分別輸送。因此，這種系統與三管系統一樣，可以在全年內對房間溫度靈活調節，同時滿足每個房間對溫度的不同要求，而且還克服了三管系統存在的回水管混合損失能量的問題。但四管系統的缺點是一次性投資大，管道占用空間多，能耗高，只有極少數特別高檔的飯店採用。

（三）冷卻水系統

1. 冷卻水系統的運行

空調系統冷水機組中的冷凝器都是水冷式冷凝器，機組在運行過程中要用大量的水來冷卻。為了節約用水，降低成本，一般將冷卻水循環使用，設置冷卻水系統。常溫的冷卻水（28°C左右）從冷卻水塔下的水池靠重力作用流至冷卻水循環水泵，由水泵送進冷凝器。冷卻水在冷凝器內吸收了製冷劑在冷凝時放出的熱量，溫度升高（33°C左右）後再被送到冷卻水塔上部，從噴嘴裡噴成小水珠落在塑膠填料或木板條上。水滴在下落過程中，被風扇誘導的氣流冷卻到常溫（即把從冷凝器中帶出的熱量釋放到空氣中），然後積聚在冷卻水塔下部的水池裡，再流回冷卻水泵，不斷循環，如圖 2-27 所示。為了更有效地冷卻循環水，往往將冷卻塔安裝在室外高處（通常裝在房頂上），以加強空氣的對流，達到降溫的效果。冷卻水在冷卻塔中冷卻時，要蒸發一部分水，故在水池內裝有浮球閥，不斷補充自來水。

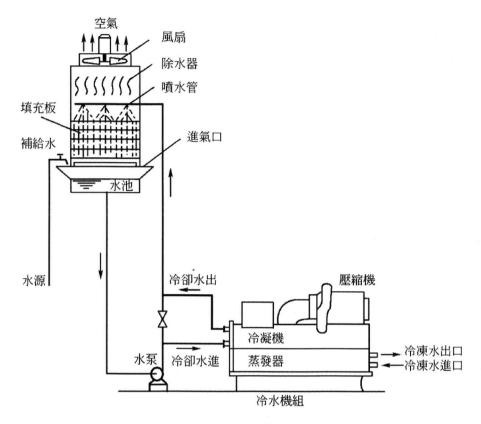

圖 2-27 冷卻水循環示意圖

　　冷卻水的供應，一般根據水源、水溫、水量、氣候條件及技術經濟比較等因素綜合考慮，可使用自來水、深井水、海水等，較低的冷卻水溫度有利於降低冷凝溫度和降低壓縮機消耗的電能。為了保證冷凝壓力在壓縮機允許的工作範圍內，冷卻水的進水溫度應 ≤ 32℃。

　　2. 冷卻水的處理

　　循環冷卻水系統有開放式和封閉式兩種。飯店所採用的一般是開放式循環冷卻水系統。所謂開放式，就是循環水不是在一個封閉的系統中循環，而是在循環過程中接觸大氣、日光以及其他物質。因此，循環水的水質會受到外界環境的影響。

（1）循環冷卻水的水質特點

①循環冷卻水是經過冷卻塔蒸發冷卻的，以蒸汽的散發形式帶走熱量，因此產生濃縮現象，水中鹽分的濃縮造成兩種後果：一是出現結垢現象，二是引起腐蝕危害。

②由於水在冷卻塔內噴灑曝氣，一方面使水中大量溶解二氧化碳（CO_2），引起循環水產生碳酸鈣（$CaCO_3$）結垢；另一方面又使水中溶解的氧（O_2）大量增加，因而增強了循環水的腐蝕性。

③由於冷卻水接觸空氣，又受日光照射，加上水中的營養成分，可引起微生物的大量繁殖。受日光照射的部分，常產生大量藻類。在不受光照的部分，由於細菌、真菌的大量繁殖，會產生粘垢。這些汙垢大片附著在管壁或設備上，就會造成管道堵塞和對設備的腐蝕。

（2）循環冷卻水的處理方法。循環冷卻水的處理可以概括為除去懸浮物、控制泥垢及結垢、控制腐蝕及微生物。針對以上不同的問題，分別採用不同的處理方法：

①對粗大懸浮物可用格網過濾，對細小懸浮物則要採用快濾設備過濾。此外，可以在循環水中加入高分子混凝劑，使懸浮物在冷卻塔水池中沉澱、排除。

②控制泥垢及結垢，主要是加藥進行化學處理，控制泥垢要加分散劑、混凝劑等。控制結垢則要加酸、分散劑、螯合劑等。

③控制金屬的鏽蝕，除了加緩蝕劑外，還要控制微生物繁殖。有些冷卻塔內安裝的是木填料。木填料長期浸水，會受到化學、生物和物理三方面的作用，因此要防止木填料腐朽，應將其預先經防腐處理，或採用新型的改性聚氯乙烯或改性聚丙烯作為填料。

懸浮物、沉澱物和腐蝕三個危害因素往往是可以互相轉化的，不可孤立地對某一問題進行處理，而要根據冷卻循環水的水質情況，進行綜合解決。

三、製冷系統的運行管理

（一）壓縮式冷水機組的運行和管理

1. 壓縮式冷水機組的安全操作規程

製冷系統中大部分設備屬於壓力容器，有的系統內裝有有毒介質，故必須制定安全操作規程，其內容如下：

①製冷設備要有專人管理，要制定並實施崗位責任制。

②值班人員要經常注意設備的運轉是否正常，並按說明書要求進行使用和維護。

③經常檢查壓縮機的運轉情況，注意有無異聲。

④經常檢查電源電壓是否正常，若電壓降幅大於 10%，應停止使用壓縮機。

⑤壓縮機使用時應確保冷卻水暢通，並有足夠的水量，冷凝器的出水溫度一般不超過 35℃ ～ 40℃。

⑥設備在運行中如發現製冷量不足，應查明原因，如確係製冷劑缺少，應找出泄漏處，修復後補充製冷劑。

⑦設備如長期不使用，應切斷電源，關閉進水閥並將冷凝器內的存水放盡，以免結冰損壞。長期停車應關閉壓縮機進氣和排氣閥門。

2. 壓縮式冷水機組的保養

對機組的保養必須認真細緻，主要內容有：

①檢查安全保護控制器：如冷凍水低溫斷路保護及反覆啟動開關、冷媒低溫開關、低油壓斷路保護開關、冷凝器高壓斷路保護開關等。

②更換潤滑油及油過濾器。

③更換製冷劑過濾器和排液過濾器。

④機組檢漏，添加製冷劑。

⑤檢查啟動設備：清潔啟動櫃內各種部件，檢查和檢修接觸器、空氣開關的觸點，緊固所有螺絲等。

機組保養結束，試機後即可準備供冷。

（二）溴化鋰機組的運行和管理

1. 溴化鋰機組安全操作規程

①操作人員須按操作規程操作，要熟知各種安全操作事項，以避免誤操作引起對設備、機房及人身安全的危害。

②機組不宜頻繁停、開機，經常性啟動、停機會損傷機器。當需要停機時，冷媒水泵不能隨機馬上停運，否則會使冷媒水在機內結冰，損壞蒸發器。

③在任何情況下，切勿用氧氣來吹洗管道或代替氮氣對機組充壓，以免氧氣與油、油脂及其他一些物質發生化學反應，危及機組及操作人員的安全。

④充、排製冷劑時，工作場所必須有良好的通風，製冷劑與明火接觸後會形成有毒氣體，危害人體。

⑤在對機組進行維修時，應切斷電路電源，鎖上電源開關並掛上「正在維修」的告示牌，以免發生電氣傷人事故。

⑥切勿將未使用過的製冷劑儲液桶靠近明火或蒸汽，以免使桶內液劑受熱超壓引起爆炸。

⑦對機組充液時，必須辨明製冷劑的種類，同時戴好防護用品，避免製冷劑液體濺到皮膚上或眼睛內。若製冷劑液體濺到皮膚上可用清水洗清，如濺入眼睛內應立即用清水沖洗並去醫務室就診。

⑧非專業維修人員及操作人員不得隨意打開控制箱，不得盲目調節控制系統開關，以免造成人為故障。當故障發生，在不明原因的情況下，切勿開機。

⑨每年至少一次仔細檢查所有安全閥以及其他安全裝置，清洗一次冷凝器和蒸發器，以保證機組安全、正常運行。

2. 蒸汽兩效溴化鋰機組維護規程

（1）日常維護保養

①每日檢查冷凍水泵與冷卻水泵的運轉狀況，及時清理泵前過濾網。

②每日至少擦拭機組外部一次，保證機組無塵埃，水泵無漏水。

③每週檢查冷凍水泵漏水情況，填料壓蓋允許少量均勻滴水。

④每週檢查冷凍水泵與冷卻水泵的潤滑油，不足時應及時添加。

⑤檢查各閥門及法蘭連接處，定期更換墊料，消除跑、冒、滴、漏的現象。

⑥定期清洗冷凍水系統及冷卻水系統過濾網（器）。

⑦若停機時間在 1 ～ 2 個星期以內，保養工作主要是保持機組內的真空度。如果發現有空氣洩入機組內，應及時啟動真空泵將其抽除。

（2）冬季維護保養

冬季維護保養一般一年一次，保養的工作主要有：

①將機內的溴化鋰溶液排放到儲液筒中，機內充以一定量的氮氣，以防空氣洩入，如發現氮氣壓力下降，應及時檢漏，找出原因。

②清洗機組內的銅管。

③檢修和更換達不到性能要求的零部件。

第五節 中央空調系統的運行及其管理

一、空氣調節的基本概念

（一）空氣的狀態參數

在空調系統的運行和管理中，常涉及空氣的狀態參數及狀態變化對人體舒適感的影響。空氣的狀態參數主要有壓力、濕度和溫度。

1. 空氣的壓力

空氣對地球表面單位面積上的壓力稱為大氣壓（單位為 Pa 或 MPa），通常以緯度 45°處海平面上的平均大氣壓作為一個標準大氣壓，它相當於 760 公釐汞柱。低於這個數字，就形成一定的真空度。

空氣是由乾空氣和水蒸氣組成的混合氣體，因此，空氣的總壓力（大氣壓力）等於乾空氣的分壓力與水蒸氣的分壓力之和：

$$B = Pg + Pc$$

式中，B：大氣壓力（MPa）；

Pg：乾空氣的分壓力（MPa）；

Pc：水蒸氣的分壓力（MPa）。

水蒸氣的分壓力大小反映了水汽的多少，是空氣濕度的一個指標，所以在空調系統的運行中用它來衡量和控制濕度。大氣壓力隨海拔高度、緯度不同而不同，也隨氣候的變化而變化（冬高夏低，晴高雨低）。

2. 空氣的濕度

濕度表示空氣中水蒸氣的含量。它對人體的舒適和健康有直接的影響。

（1）絕對濕度。絕對濕度表示 1m3 空氣中含有水蒸氣的質量（g/m3）。但絕對濕度與人體舒適的感覺無直接關係：同樣的絕對濕度值，冬天可能感到過於潮濕，而夏天可能會覺得乾燥。因此，在調節空氣濕度時一般不單獨使用空氣的絕對濕度這個參數。

（2）飽和濕度。飽和濕度是指在某一溫度下，一定量的空氣含有的水蒸氣達到最大值時的空氣，稱為飽和空氣，濕度稱為飽和濕度。溫度升高時，一定量的空氣可容納水蒸氣的量隨之增加，也就是說當飽和空氣溫度升高後，就變成了不飽和空氣；原來不飽和的空氣若降低溫度，就可能會變成飽和空氣。空氣中如果水汽超過空氣中含水蒸氣的最大限度時，多餘的水蒸氣就會在空氣中凝結成小水滴，此時水分就不再向空氣中蒸發。

(3) 相對濕度。相對濕度是指一定溫度下空氣中水蒸氣的實際含量（絕對濕度）與相同溫度下空氣中所能容納的水蒸氣的最大量（飽和絕對濕度）之間的比率：

$$相對溼度 = \frac{空氣的絕對溼度}{同溫度下飽和絕對溼度} \times 100\%$$

也就是表示某狀態的空氣接近飽和狀態的程度，即空氣潮濕的程度。在空調的運行過程中，一般更注意空氣的相對濕度。

3. 空氣的溫度

(1) 幹球溫度。用溫度計直接測量出來的空氣溫度稱為幹球溫度，也就是通常意義上的空氣的冷熱程度。空氣的溫度對人的舒適感和健康有著直接的影響。

(2) 濕球溫度。在溫度計上包上濕潤的紗布所測得的溫度稱為濕球溫度，它與幹球溫度配合製成乾濕溫度計用來測量空氣濕度。因濕球上紗布中的水分蒸發要吸熱，故濕球溫度比幹球溫度低。如空氣中相對濕度低（即比較乾燥），則濕球上水分蒸得快，吸熱量大，濕球溫度低，乾濕球溫度差就大；如空氣中相對濕度高（即比較潮濕），則濕球上水分蒸發得慢，吸熱少，濕球溫度就高，乾濕球溫度差就小。根據幹球溫度與濕球溫度之差，即可查表求出當時的相對濕度。

(3) 露點溫度。當空氣中含有水蒸氣的量達到極限時，即達到露點，此時所對應的溫度稱為露點溫度。空氣中的水分在露點溫度時開始凝結，也就是結露。在露點時，幹球溫度和濕球溫度相同，空氣的相對濕度為 100%。空氣的含濕量越高，其露點溫度也越高。如果房間濕度較高，溫度降至露點時，水蒸氣就會凝結，在光滑的牆面和地面上形成水珠，這是空調加濕時特別要注意的情況。

(二) 人體對空氣環境的要求

人體對室內空氣環境是有一定要求的，影響人體舒適程度的空氣質量指標是空氣的溫度、相對濕度、新鮮度和流動速度，簡稱為「四度」。

1. 溫度

大量的實驗數據表明，在一定的相對濕度和風速下，穿著襯衣的人們感到舒適的溫度為 23.2℃左右。但由於夏天與冬天室內外溫度相差較大，而人們穿的衣服厚薄也不同，在室內感到舒適的溫度也有所不同：夏季為 24℃ ～ 28℃，冬季為 16℃ ～ 22℃。

2. 相對濕度

濕度對人體舒適度的影響比較小，在夏季，人體感到舒適的濕度為 50% ～ 65%，冬季則為 30% ～ 50%。

3. 新鮮度

新鮮而乾淨的空氣是使人體感到舒適的重要條件，新鮮度是指空氣中含塵濃度和空氣混濁的程度。空氣中的灰塵又稱為懸浮顆粒物，其中直徑小於 10 微米的塵粒稱為可吸入塵。灰塵是病毒和有害物質的載體，可吸入塵則能攜帶一些汙染物進入人的肺泡。公共場所的可吸入塵應控制在 0.12mg/m3 以下，空氣細菌總數不得大於 10 個 /m（3 沉降法），二氧化碳的含量不得大於 0.07%，氧含量不得小於 21%。

4. 流動速度

在人體感到舒適的溫度下，室內允許的空氣流速為 0.1 ～ 0.25m/s，其中 0.1 ～ 0.2m/s 是一般情況下，人體感到舒適的風速範圍；0.2 ～ 0.3m/s 是用於冷卻目的而感到舒適的風速範圍；當室內的空氣流速大於 0.3m/s 時，會使人感到不適。

（三）空氣調節的方法

既然人體對空氣環境有一定的要求，因此，人類一直在設法得到適合的空氣環境。房屋本身對自然界來說，創造了一個較好的空間環境：夏天擋住烈日，冬天抵禦寒風，使室內少受外界氣溫影響。但只建造了房子還不能滿

足人們生活、生產的需要，於是產生出各種進一步調節室內空氣的方法。例如，房屋牆上開些窗子，利用室內外的溫差或自然風力造成室內空氣流通，保持室內空氣新鮮，這稱為自然通風。當天氣炎熱時，自然通風不足以降溫或需要較快地排除室內潮濕空氣（浴室）、熱量（鍋爐房）和異味（廚房）時，就要使用電扇或風機強制空氣流動，這稱為機械通風。為了改變空氣的溫度和濕度，最簡單的辦法是冬天在室內生爐子取暖時，在爐子上燒一壺水，可以增加空氣的濕度防止過分乾燥。夏天則可在室內放些冰塊，或在周圍地上灑些水，讓水分蒸發吸熱，使人感到涼快。隨著科學技術的發展和人民生活水平的提高，人們對空氣環境要求越來越高。不但在許多生產領域裡，而且在一些公共建築中（飯店、商場、體育館等）也都需要保持空氣的一定的溫度、濕度和清潔度，顯然，採用簡單的通風和降溫、取暖方法已滿足不了大型公共建築中人們對舒適度的要求。因此就發展到用機械的方法來創造和保持一定要求的空氣環境：將室外的空氣經過加溫或降溫、加濕或減濕、淨化等處理後送入室內。這種使室內空氣的溫度、相對濕度、風速、新鮮度等參數保持在一定範圍內的技術稱為空氣調節，簡稱空調。綜上所述，調節空氣的方法如圖 2-28 所示。

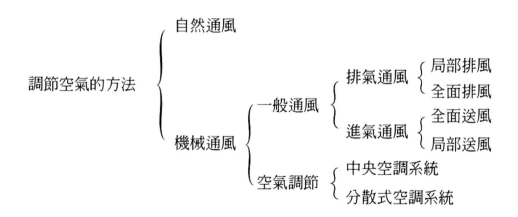

圖 2-28 調節空氣的方法

二、中央空調系統構成

中央空調系統是一個同時將室內外空氣進行處理的通風系統，它將室外空氣吸入，進行加溫、加濕（或降溫、減濕）處理後送入室內，並保持室內空氣的潔淨和一定的溫度，同時將室內渾濁空氣不斷排出。因此，中央空調系統是一個包含供熱、製冷和通風的綜合工程系統，如圖 2-29 所示。

（一）熱水加熱系統

冬季加熱是利用熱水循環系統供熱的。空調機房的熱交換器以鍋爐房的蒸汽為熱源。熱交換器裡的水被蒸汽加熱成一定溫度的熱水，由熱水泵輸入熱水管道，送到各空氣處理機和風機盤管中，熱水的熱量在空氣處理機和風機盤管中傳遞給空氣（加熱空氣），熱空氣由風機送入房間。熱水降溫後由回水管流回到空調機房的熱交換器再被加熱，循環使用。

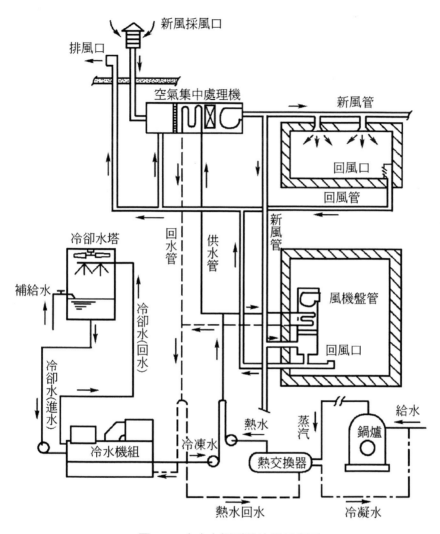

圖 2-29 中央空調系統流程示意圖

（二）冷凍水降溫系統

　　夏季降溫的方式是向室內輸送冷空氣。由冷水機組產生的冷凍水用水泵透過管道送往空氣處理機和風機盤管，冷凍水透過盤管時吸收空氣中的熱量使空氣冷卻。風機再將冷卻後的空氣送入房間，達到降溫的目的。吸收了熱

量的冷凍水溫度升高，由回水管流回到冷水機組的蒸發器中再被冷卻，循環使用。

（三）通風系統

空調的通風系統包括進風（新風）系統和回風系統。其中，在進風過程中實施對空氣的處理。

1. 進風（新風）系統

進風系統包括採氣口、風道、空氣處理機、風機和送風口等部分。採氣口又稱進風口，它的作用是採集室外新鮮空氣並由進風口送入通風系統。風道是運送空氣的通道，新風風道一般用鍍鋅鐵皮製作，為了控制風道的開閉和調節風量，風道中設有各種閥門，如：插扳閥、蝶閥、防火閥、止回閥。新風系統的風機一般採用離心式風機作為輸送空氣的動力設備。送風口在通風管道的末端，它的主要功能是均勻地向室內送風。在不同的場所，送風口的類型是不同的。在大型公共場所一般採用由上向下送風的散流器，而在其他小型區域如客房則採用側向送風。

2. 回風系統

由新風系統送入的空氣由於受到室內活動的影響而變得混濁，為了保持室內空氣的溫度和新鮮度，還需透過回風系統不斷地將室內空氣送回空氣處理機重新處理，同時將部分空氣排出室外。回風系統與新風系統相似，由回風口、排風管道、風機和排氣口組成。

回風口是室內空氣進行循環或排出的進氣口。回風口是回風系統的始端，一般安裝在房間側壁和天花板上。回風管道因功能的不同而有不同的構造，進行循環的回風管道一般也用鍍鋅鐵皮製成。而排氣管道則是由附於建築內的混凝土通道組成。回風系統的風機也採用離心式風機。排風管道的出口是排風口，它的作用是把室內汙濁的空氣直接送入大氣中。為了防止雨水、雪水倒灌和風沙進入，排風口都設有風帽。

三、空氣處理設備

中央空調系統的核心設備是空氣處理設備。空氣處理設備按集中處理和分散處理的不同，有空氣集中處理機組和風機盤管兩種。

（一）空氣集中處理機

空氣集中處理機是一種具有多功能段的空氣綜合處理設備。主要功能段有回風段、混合段、粗放過濾段、預熱段、表冷段、加熱段、加濕段、送風機段、後消聲段、中效過濾段等。根據用戶要求，可將各功能段進行組合。各段之間用螺栓連接，在現場組裝。機組要求密封性好，無漏風，護板隔熱性好。機組經防腐處理，不易鏽蝕，具有防火性能。圖 2-30 是一臺飯店常用的組合式空氣集中處理機工作原理示意圖。

1. 基本工作原理

如圖 2-30 所示，空氣集中處理機是一只長方形的密封鐵箱。從室外採集的新鮮空氣和部分經室內循環後的空氣在混合室內混合，透過空氣濾網濾去粗粒灰塵，經換熱器盤管加熱（或降溫），必要時再經加濕處理後，由送風機送到房間。送入房間的空氣經循環後，從回風口吸入，小部分被排出室外，大部分再與新鮮空氣混合經處理後送入室內。

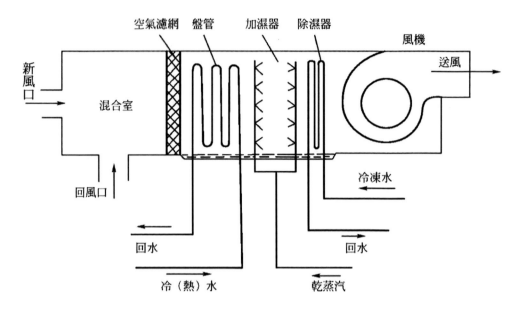

圖 2-30 空氣集中處理機工作原理示意圖

2. 空氣的加熱和冷卻

空氣集中處理機對空氣的加熱和冷卻主要是透過表面式換熱器（包括加熱器和表冷器）進行的。它利用熱（冷）水作熱（冷）媒，與空氣進行熱交換以達到處理空氣的目的。

（1）表面式換熱器構造。由於空氣側的換熱係數比水側換熱係數低得多，所以在換熱器管外側都採用加肋片的方法增加空氣側的換熱面積，增強其傳熱性能，以節省材料和減少表面式換熱器的外形尺寸。

（2）表面式換熱器的安裝。表面換熱器在夏季工作時，經常有冷凝水滴下，為了使肋片上的水膜可以垂直流下，以免增加空氣阻力，安裝時必須使肋片保持垂直，並在換熱器下部安裝滴水盤和排水管路。

空氣處理機除了用熱水（或蒸汽）來加熱空氣外，還可用電加熱器加熱空氣。用電加熱器可以較迅速而精確地調節室溫。

3. 空氣的加濕處理

為了保證房間的濕度要求，夏天應對空氣進行冷卻減濕處理（實際上空氣經過表冷器冷卻時就會析出空氣中的水分產生冷凝水，已達到減濕目的）。而在冬天或過渡季節，則要對相對濕度低於 50% 的空氣進行加濕處理。常見的加濕的方法有以下兩種：

（1）噴霧法。噴霧法是將水噴成霧狀小水滴，均勻分布在整個輸送管斷面內，使空氣和霧充分接觸，以達到加濕要求。

（2）乾蒸汽加濕。乾蒸汽加濕是用鍋爐房產生的蒸汽直接透過噴口噴出進行加濕。

4. 空氣的淨化處理

空氣中的灰塵對人體健康是有害的，所以空調系統都有濾塵裝置對空氣進行過濾，使空氣含塵量達到衛生標準。對空氣的淨化處理一般可分為三類：

（1）一般清潔度。一般清潔度對含塵濃度不提具體要求，在對空氣進行簡單過濾時，只要加粗效過濾器除去大顆粒的塵埃即可。

（2）淨化。淨化對室內空氣含塵量有一定的要求，一般除加粗效過濾器外，還要加一個中效過濾器。

（3）超淨。超淨對室內空氣含塵濃度有嚴格的要求，通常提出顆粒濃度（顆／升）標準。為達到超淨要求，需採取三級過濾（粗效、中效、高效）。

在飯店空調中，廣泛使用的是乾式纖維濾塵器、泡沫塑料過濾器和金屬網過濾器等。它們的工作原理是當空氣流經濾塵器時，其中的灰塵由於撞擊、靜電、篩濾和吸附等作用而被捕集，達到空氣淨化的目的。

（二）風機盤管

1. 風機盤管的結構

風機盤管主要由風機、換熱器（即盤管）、凝水盤及殼體組成。

（1）風機。風機盤管使用的是雙進風離心式風機，由低噪音三速電機帶動一個或兩個帶蝸殼的多翼葉輪，葉輪有金屬的和塑料的兩種。風機要提供一定風量、風壓的空氣流，以便將盤管的熱（冷）量吹出。

（2）換熱器。換熱器為銅管外套鋁質翅片結構。管內流著來自鍋爐房熱交換器的熱水或冷水機組產生的冷凍水。換熱器要求熱阻小、傳熱係數大、不滲漏，以便在一定熱（冷）源供應下，輸出更多的熱（冷）量。

（3）凝水盤。凝水盤是為了接納和輸送夏季運行過程中產生的冷凝水。凝水盤下接排水管，隨時將盤管翅片上滴下的冷凝水排掉。

（4）殼體。殼體為各部件的支撐構體，內貼消聲層和保溫層，以降低整機噪聲和避免機殼外產生冷凝水。

風機盤管的工作原理與空氣集中處理機基本相同，只是沒有加濕裝置和中效過濾器。每個裝有風機盤管的房間都配有高、中、低三擋變速開關，用以調節風機轉速，透過產生不同風速來控制房間的溫度。

2. 風機盤管的形式

風機盤管有多種形式可供選擇，在飯店最常用的是臥式和立式兩種。

（1）臥式風機盤管。臥式風機盤管裝置在天花板上，換熱器和風機呈前後水平布置，如圖 2-31 所示。臥式風機盤管不占面積，室內簡潔，可避免冷（熱）風直接吹向人體。在夏季使用時，有利於氣流循環，這是目前飯店使用最多的形式。其缺點是維護、檢修比較困難。

（2）立式風機盤管。立式風機盤管裝置在地面上，換熱器和風機呈垂直布置，如圖 2-32 所示。由機組的下部吸入空氣吹向盤管，經盤管加熱（或冷卻）後從上方吹出。立式風機盤管一般安裝在窗臺下。這種形式的風機盤管安裝、維修方便，冬季送熱風時氣流循環較好，是飯店、辦公大樓用得比較多的一種形式。其缺點是占用一定的面積，地面的塵土容易吸入機內，防塵網和換熱器容易積灰、堵塞。

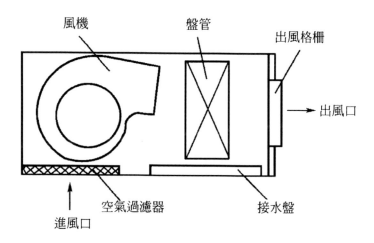

風機　　　　　盤管　　　　出風格柵

出風口

空氣過濾器　　　　　接水盤

進風口

圖 2-31 臥式風機盤管結構示意圖

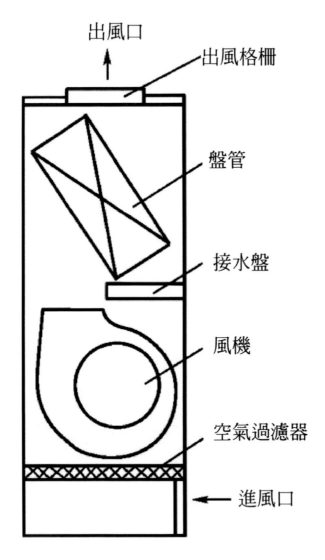

出風口

出風格柵

盤管

接水盤

風機

空氣過濾器

進風口

圖 2-32 立式風機盤管結構示意圖

四、中央空調系統的管理要求

（一）空調系統的管理

飯店空調系統的特點是管道多、終端設備多、功率大、耗能多，做好空調系統的管理，首先要做好基礎管理工作。

1. 管道系統保養維護

機房內所有管道都應按統一要求塗上不同的顏色，以示區別。凡是供冷（熱）水的管道，都要採取保溫措施，要定期檢查保溫層的完好狀況，並要防止滲漏現象。

2. 巡迴檢查制度

由於空調的終端設備（風機盤管）分布在飯店的各個房間，且絕大部分都隱藏在天棚上，如有損壞或發生故障不易發現。因此要建立巡迴檢查制度。巡迴檢查要求工程部專業技術人員與客房服務員相互配合，服務人員在每天做房時，都要檢查盤管風機的運轉情況。工程技術人員則定期巡迴檢查，重點檢查空氣處理設備和風機盤管。如採用萬能工制，則巡檢維護的任務由萬能工承擔。

3. 定期維護保養

由於空氣處理機和風機盤管分散而隱蔽，故必須制定定期維護保養制度，並嚴格執行。空氣處理設備的保養內容有：

（1）定期加油。要對空氣集中處理機的風機軸承每半年加一次潤滑油，加油時應仔細檢查軸承滾珠，若有破損應立即更換。

（2）調整皮帶。風機的傳動皮帶過緊、過鬆都不利於設備的運行，甚至會損壞設備，故每次檢查時應調整皮帶的鬆緊。

（3）清洗濾網。由於空氣中的塵埃通過濾網時，會黏結在濾網上，時間一長，將會堵塞網眼，影響通風效果，故應定期清洗。清洗時，把濾網取下，換上備用的濾網。髒的濾網可用稀釋的肥皂（或洗潔精）水洗，再用清水沖乾淨，晾乾後備用。

（4）清洗盤管。雖然空氣首先通過濾網，但部分灰塵還會漏網而粘到盤管的翅片上。這樣，翅片就會積聚油汙和灰塵，阻礙空氣的流通並使熱交換

效率降低，因此一年應清洗一次。清洗時可用噴射器噴射化學藥物，使油垢鬆脫，再用清水噴洗。

4. 確定空調溫、濕度標準

目前，在飯店空調運行管理中，往往有一種誤解：認為夏季室溫越低越好，冬季室溫越高越好。因此，存在著室內溫度夏季過低，冬季過高的現象。室內外溫差太大，既使人不適，又浪費能源。據測定，室內氣溫變更 1℃，空調的負荷夏季可影響 5% ～ 7%，冬季可影響 7% ～ 9%。因此空調空間的溫度和濕度應根據規定的標準來控制。

（二）空調系統運行的控制

空調系統運行的目的是把一定溫、濕度的空氣量送入房間，以滿足房間對空氣的溫度、濕度和潔淨度要求。在夏季，由於室外溫度高於室內溫度，就要輸入比室內溫度低的空氣，吸收多餘的熱和濕，使溫、濕度下降。冬季室外溫度遠低於室內溫度，就需要送進溫度比室內高的空氣以保持房間溫、濕度所需要的熱濕量。為了既滿足室內空調要求，又能節約能源，降低成本，應根據不同的情況來調節風量，控制冷凍水的溫度，調節濕度。

1. 風量的控制

（1）新風量的控制。飯店空調的新風量應控制在 10% ～ 30%，不能少於 10%。如果在人數較多的會場或舞廳，可根據衛生要求規定的每人應補充的新風量乘以總人數，得出要補充的新風總量。

（2）風量的控制。飯店大部分區域的空調通風需要連續運轉，但有高峰和低谷之分。在高峰時，室內人員較多、照明增加，通風換氣量就會增加，空調負荷也相應增加。在低谷時，室內人員較少，照明較少，通風換氣量就會減少，空調負荷也相應減少。為了適應這種變化，可以用送風管道上的調節閥調節風量，也可以採用雙速電機，改變轉速來調節風量。在低谷時間，風機以低速運轉，減少系統的循環風量，以節省空調通風電能。

2. 溫度的控制

室內的溫度是由空調系統送入的空氣來調節的，送入的空氣溫度由盤管內的水溫決定，因此，排管內的水溫要根據當時室內外的溫差和室內溫度的標準進行控制。

3. 濕度的控制

室內的相對濕度應保持在 40% ～ 65% 之間，濕度太低或太高都會使人感到不適。因此，要根據室內外空氣參數的情況，控制進風的濕度，過於乾燥的要加濕處理，過於潮濕的則要除濕處理。但對一般人來講，相對濕度在 30% ～ 80% 範圍內，對舒適感沒有多大的影響，因而在大部分地區一般不設除濕和加濕裝置，以節省費用。

4. 系統運行控制的方法

系統運行控制的方法有兩種：人工控制和自動控制。

（1）人工控制

目前較多的飯店主要是用人工來控制系統的運行。人工控制必須制定十分明確的操作程序，要根據氣候的情況、客人的數量和實際需要進行操作和控制。

（2）自動控制

自動控制是空調系統的發展趨勢，它利用「人體感覺」傳感器、輻射傳感器和溫濕度傳感器等自動測量儀器，來判斷室內外空氣狀態參數，由電腦進行模擬運算，再對空調器進行自動調節，使室溫始終穩定在人體舒適的範圍。空調系統的自動控制，必定借助於各種自動測試、控制儀器、儀表，因此，必須十分注意定期檢查這些儀器、儀表的可靠性。一旦這些儀器儀表失靈，整個系統的運行就會失控，不僅會造成損失，還將在客人中造成不良影響。

第六節 消防系統的運行及其管理

消防系統是飯店的一個重要系統，它能及早發現火災隱患，預防火災發生，並在火災發生時及時滅火，保障人員的安全。防火計劃主要指建築本身

的耐火等級的設計、建造和防火分區的設計。完整的防火計劃還包括火災防範及撲救措施。本節主要討論火災報警、火情控制及消防滅火系統的運行及管理。

消防系統包括消防監控系統、滅火系統及防排煙系統三大部分。消防監控系統平時承擔著防止火災、排除隱患、監視飯店防火安全的任務。在發生火災的情況下，則擔負著及早發現火災地點，有效控制火勢，迅速指揮客人疏散及滅火的任務。因此，一個功能完善的消防監控系統應包括火災報警系統和消防控制系統。

一、火災報警系統

一般情況下，飯店火災發生時要經過一段時間才會產生火苗並逐漸蔓延，要防止火災蔓延，關鍵是能迅速報警。飯店設置自動報警系統來探測並發現火情，同時也部分採用人工報警的方式。

（一）自動報警系統

自動報警系統由火災探測器和火災報警控制器構成，火災探測器主要用來發現火災隱患。

1. 火災探測器

在自動報警系統中起主導作用的是火災探測器。飯店常見的火災探測器有煙感式探測器、溫感式探測器和光感式探測器。

（1）煙感式探測器。煙感式探測器有兩種，一種是離子感應式，另一種是光電感應式。兩種探測器的原理基本相同：在火災發生時，產生的煙霧微粒對探測器中的電離子或光波產生干擾，探測器就發出報警信號。其中離子感應式更為靈敏可靠。這種探測器安裝在 4 公尺以下的高度時，其保護面積為 100 ㎡。它適用於起火時煙多而升溫慢的場所，如飯店客房、餐廳、走廊等。

（2）溫感式探測器。溫感式探測器在火災發生時，因周圍溫度升高而啟動報警。溫感式探測器一般可分定溫探測器、差溫探測器和差定溫探測器。

（3）光感式探測器。光感式探測器可以感受到火光的輻射能，它又有紅外線光感探測器和紫外線光感探測器兩種。光感式探測器雖然對火焰光反應很靈敏，但只能用來探測直接可見的火光。如果在探測器與火焰之間有障礙物時，它就會降低靈敏度。

這些探測器透過不同方式感應火災隱患，將信號傳遞到火災報警控制器上。除此以外，在廚房還會設置煤氣報警器，用於探測煤氣的泄漏，防止火災發生。

2. 火災報警控制器

火災報警控制器是報警系統的控制顯示器，它是由電子元件及繼電器組成的高靈敏火災監視、自動報警控制器。火災報警控制器的主要功能是：

①能為火災探測器供電，並備有蓄電池。

②接收火警資訊後發出聲、光報警信號，並顯示火災區域。

③自動記錄火警資訊輸入時間。

④能檢查火災報警控制器的報警功能。

⑤當系統發生故障時，能發出故障信號。

由於飯店部門多，範圍廣，各種探測器和報警設備分布在飯店的每一防火地點，為了能及時、準確發出火警信號並採取有效措施，規模較大的報警系統由區域報警系統和集中報警系統兩級組成，如圖 2-33 所示。

區域火災報警不宜超過一個防火分區，區域火災報警控制器一般安裝在各工作間或服務臺附近的牆上。當接收到來自區域探測器發出的火災資訊後，立即發出聲、光報警信號，並顯示火警地點。值班人員則根據信號顯示迅速採取相應措施，同時向消防中心發出火災信號。

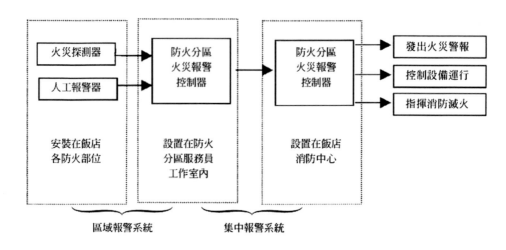

圖 2-33 報警系統示意圖

目前，許多飯店已採用電腦管理消防報警系統，即所謂的智慧型報警系統。平時，電腦對飯店各防火分區的探測器逐個進行巡迴檢查，並在消防中心總控制螢幕上顯示監測狀態。在火災發生時，經電腦進行判斷後發出各種指令信號。消防中心的電腦可與樓宇管理系統聯網。

3. 自動報警系統的誤報

火災自動報警系統對飯店及時發現火災起著非常重要的作用，但自動報警系統有時會發生誤報。誤報有危險性誤報和安全性誤報兩種。

（1）危險性誤報。危險性誤報是當火災發生時，產生了煙霧，並且溫度升高，而探測器並不報警的情況。這種情況主要由於探測器的質量低劣或系統的可靠性差造成的。雖然這種危險性誤報的發生率很小，但它的危害性極大。

（2）安全性誤報。安全性誤報又稱虛報，是在沒有發生火災時探測器報警的情況。安全性誤報主要發生在煙霧感應報警系統，因為不僅火災造成的環境變化會使探測器動作，而且其他原因也會使煙霧感應探測器動作而發生誤報。例如：

①在探測器下吸煙；

②在客房內做飯、焚燒紙張；

③房間內過濃的香煙煙霧；

④客房洗手間洗澡時溢出的水蒸氣；

⑤空調器的熱風直接吹向探測器；

⑥陽光直射或反射到探測器上等。

在上述情況下，火災自動報警系統會發生誤報，有的飯店甚至一天發生幾次誤報。所以，當消防中心接到報警信號後，首先必須核實，然後再採取措施。在消防管理中，應重視安全性誤報，從中排除火災隱患，並不斷完善飯店報警系統。

（二）人工報警系統

雖然飯店有完備的自動報警系統，但由於火災發生時的情況較為複雜，火災探測器也不可能遍布在飯店的每一個角落，所以透過人工報警系統進行輔助非常必要。

1. 手動報警器

手動報警器安裝在公共區域或機房、過道等較為明顯的地方。報警按鈕為防止誤報通常用玻璃罩住；在發生火災時將玻璃擊碎後報警，所以又稱破玻璃報警器。手動報警器往往與自動報警系統聯網。

2. 電話報警

電話報警是最方便而有效的方法。在飯店幾乎每一個地方都有電話，任何人發現火情即可用電話向消防中心報警。用電話報警還可以準確地把著火部位及火勢情況報告給相關部門。

3. 對講機報警

飯店保安、巡邏人員一般隨身攜帶對講機，發現火情即可用對講機報警。此外，當消防中心需要核查某部位的火災詳情時，查看的安全人員也可透過對講機將火災情況直接報告給消防中心。

4. 警鈴報警

警鈴報警是由發現火情者拉響警鈴向附近人員報警。這種方法一般在飯店內部使用，例如鍋爐房、配電室、機房等。某部門發生火災用警鈴報警後，還必須用電話或其他方式向消防中心報警。

二、消防控制系統

（一）消防中心的運行

消防控制系統主要根據火災報警情況，透過消防中心的聯動裝置，對飯店從發現火災到滅火結束的一系列消防救援措施進行處理和控制。消防中心報警、控制系統的運行過程，如圖 2-34 所示。消防中心在接到火災報警信號後立即核實，然後發出火災警報，保安人員迅速出動滅火和救援，同時向消防隊報警；根據著火地點及火情，向不同區域分別進行緊急廣播，幫助員工指揮客人疏散；切斷電源（接通消防應急電源），使電梯迫降，停止空調系統運行，關閉防火門、防火捲簾；啟動消防水泵和防、排煙風機。

（二）消防中心的設備

1. 火災報警控制器

火災報警控制器是火災報警系統的「主機」，也是消防中心最重要的設備。

2. 設備運行狀態監視螢幕

為了掌握飯店有關在用設備的運行狀態，消防中心設有設備運行狀態監視螢幕。例如監視螢幕可顯示電梯運行狀態、水泵運行臺數和其他需要顯示的設備運行情況。

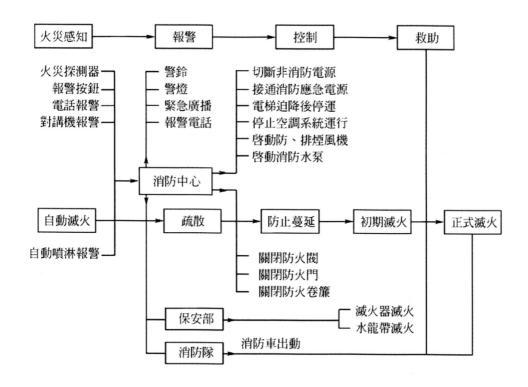

圖 2-34 消防中心報警、控制系統流程示意圖

3. 總控制臺

火災發生後，控制各設備停運或啟動的按鈕、設備運行狀態指示燈都集中顯示在總控制臺上。此外，總控制臺還設有緊急廣播，報警直通電話（或119 報警電話）、小型電話總機和對講機等通訊、指揮設備。

4. 備用電源

萬一供電線路故障，發生停電情況時，備用電源可對總控制臺送電，以保證總控制臺操作的電用量。

三、消防滅火系統

（一）消防栓給水系統

1. 消防栓給水系統的構成

　　飯店消防給水系統的作用是將水供應給消防栓及自動噴淋系統並保持一定的壓力，在滅火時則由消防水泵供水，並滿足滅火時的水壓要求，如圖 2-35 所示。

　　消防給水系統平時由生活給水系統的水箱供水。水箱的生活用水出水管高於消防用水出水管，這樣可始終保持消防給水系統內的水量。當發生火災時，消防水泵起動，專門為消防系統供水，這時水箱下端的單向閥阻止消防栓給水管內的水倒流，以保證消防栓水壓。

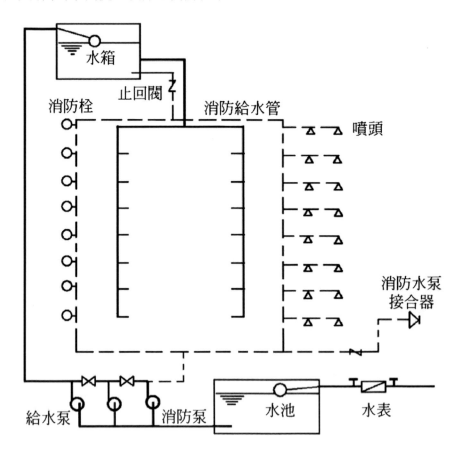

圖 2-35 消防給水系統示意圖

為了防止消防水泵發生故障或室內消防用水量不足，飯店在室外設置消防水泵接合器，可讓消防車透過水泵接合器向室內消防系統供水。

2. 消防栓滅火設備

(1) 消防栓。消防栓又稱消火栓，是消防用水的水龍頭，實際上它是一個直角閥門，以簡短的支管連接在消防立管上。消防栓出口水平向外，以內扣式快速接頭與水龍帶連接。

(2) 水龍帶。水龍帶是由帆布或塑料製成的輸水軟管，一端與消防栓連接，另一端也是用內扣式快速接頭與水槍連接。

(3) 水槍。水槍由鋁合金製成，呈圓錐形，可將水龍帶輸送的水由噴嘴高速噴出，形成一股強有力的充實水柱，將火撲滅。

消防栓、水龍帶和水槍一起裝置在有玻璃門的消防栓箱內，發生火警時，可擊碎玻璃取出消防水槍，打開消防栓進行滅火。考慮到水龍帶和給水鍍鋅鋼管的耐壓強度以及消防隊員能承受的水槍最大反作用力，消防栓處的靜水壓力應小於 $8kgf/cm^2$（0.78 M Pa）。在高層飯店，消防給水應像生活給水一樣，採用分區供水方式，其分區形式類似生活供水的分區形式。

(二) 自動噴淋

1. 自動噴淋滅火系統

自動噴淋滅火系統是較經濟的室內固定滅火設備，使用面比較廣。該系統與消防栓給水系統相仿，平時由生活、消防兼用的高位水箱給水系統供水，滅火時則由專用消防泵加壓供水。自動噴淋滅火系統有不同的類型，各種類型又有不同的設備和用途。

2. 自動噴淋報警系統

自動噴淋報警系統由閉式噴頭、報警閥、水流指示器、管網和供水設備等組成。平時系統管網內的水壓由生活、消防兼用的供水系統保持。當發生火災時，環境溫度升高，使天花板上的噴頭自動打開，噴水滅火；隨後網管

水壓降低，報警閥動作，發出火災信號並啟動消防水泵。自動噴淋滅火報警系統的主要部件如圖 2-36 所示，工作程序如圖 2-37 所示。

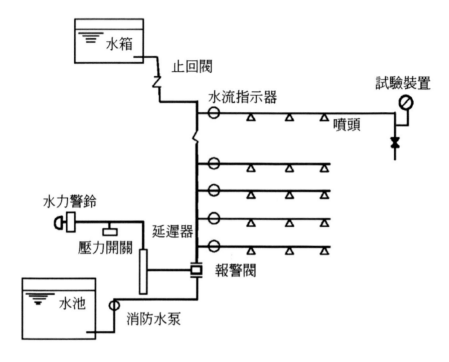

圖 2-36 自動噴淋滅火報警系統示意圖

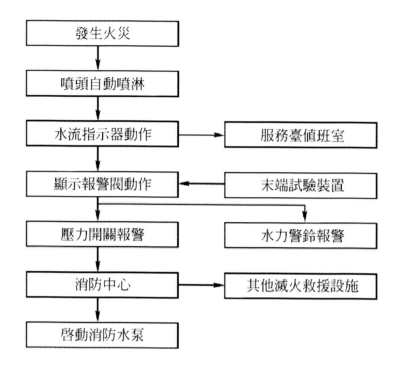

圖 2-37 自動噴淋滅火報警工作程序圖

3. 自動噴淋系統的主要設備

（1）噴頭。噴頭由噴頭架、濺水盤和噴水口堵水撐等組成。噴水口有堵水撐的稱為閉水噴頭，堵水撐既堅固又靈敏，在常溫下能經受一定的撞擊和水壓，在規定的溫度下能失去支撐力，及時開啟噴水。噴水口堵水撐主要有玻璃球支撐和易融合金鎖片支撐兩種。

玻璃球閉式噴頭是目前飯店常用的噴頭，如圖 2-38 所示。玻璃球用於支撐噴水口的閥蓋，球內充滿受熱高膨脹的液體，當環境溫度升高到某一限度時，膨脹的液體就會將玻璃球爆破，噴水閥蓋脫落，噴瀉出來的水撞到濺水盤上，被均勻地分灑到四周，以達到一定範圍內的滅火效果（每只噴頭的滅火面積為 5.4 ～ 8.0 平方公尺）。

（2）報警閥。報警閥是自動噴淋系統中的重要設備。平時可作為檢修、測試系統的控制閥門。發生火災時，噴頭上的噴水口自動打開噴水後，報警閥立即能發出鈴聲報警。

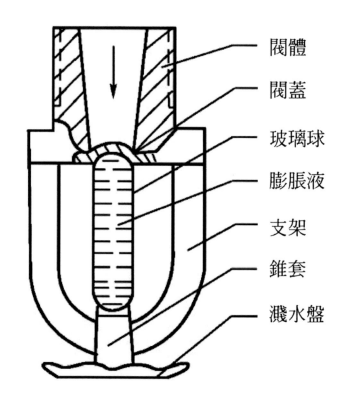

閥體
閥蓋
玻璃球
膨脹液
支架
錐套
濺水盤

圖 2-38 玻璃球閉式噴頭

（3）水流指示器。報警閥控制的樓層數量較多時，為了盡快識別火災的地點，在每一樓層的配水支管上裝置水流指示器。在發生火災噴頭噴水時，管道裡的水流動，帶動水流指示器動作，使接觸點閉合，發出報警信號。

四、防、排煙系統

（一）防火和防煙分區

　　許多現代飯店的建築面積很大，如果建築物內空間面積過大，發生火災時擴展就快，受災面積也大。為了將火災控制在發生單元內，阻止火勢向外蔓延，以免遭受更大損失，各國都規定了飯店的防火和防煙分區。飯店每層每個防火分區的建築面積不超過 1000 ㎡，地下建築面積不宜超過 500 ㎡，每個防煙分區的建築面積不宜超過 500 ㎡。水平防火防煙分區主要由防火牆、防火門、防火捲簾及防火水幕等耐火的非燃燒體分割而成。

　　1. 防火牆

　　防火牆是水平防火區的主要分割物。防火牆的耐火等級應在 4 小時以上。在防火牆上不應開設門窗洞口，如必須開設時，應設置耐火等級不低於 1.2 小時的防火門窗。輸送可燃氣體以及易燃、可燃液體的管道嚴禁穿過防火牆。其他管道也不宜穿過防火牆，如必須穿過時，應由非燃材料製作，並由非燃材料將其周圍的空隙緊密填塞。通風管道穿越防火牆時，應在兩側設防火閥，以防止風管竄煙竄火。

　　2. 防火門

　　在防火、防煙分區與外界的通道出口處，由防火門作為分隔物。防火門一般分鋼材和木質兩種，它要求在發生火災時能緊密關閉。由於火災發生時，人員疏散難以隨手關門，故須安裝自動閉門器。閉門器分為機械式閉門器和電磁閉門器。根據進出通道的功能不同，防火門的開關狀態也不相同。

　　兼作層間交通進出樓梯間的防火門，平時須打開以便通行，可用電磁開關把門固定在兩邊牆上，火災時斷電失磁，防火門在彈簧作用下自動關閉。機械式閉門器則能使防火門自動關閉。

　　專作疏散的樓梯間防火門，平時可採用電磁門鎖鎖上，服務員通行可用鑰匙開啟進出，發生火災時則由消防中心接通電源，使鎖舌在磁力作用下縮回，防火門即可被推開。

　　3. 防火捲簾

　　在不適合用防火門分隔的防火分區，可裝防火捲簾。例如，走廊可用防火捲簾隔斷。防火捲簾由鋼板或鋁合金等材料製成。防火捲簾兩側設有火災

探測器，當發生火災時，探測器動作，捲簾自動降落。防火捲簾兩側還設有手動按鈕，以利於救助人員進出。對於面積較大的防火捲簾，兩側還設有水幕保護。

（二）防、排煙設備

火災發生時往往產生大量煙霧，若不迅速排除，則煙氣會使人窒息。據統計，高層飯店火災死亡人數中有一半以上是因煙氣窒息而死。所以，火災發生後排煙、通風是保證疏散人員安全的重要措施。

1. 防、排煙重點區

飯店發生火災時，為防止火災造成電梯運行故障，客、貨電梯均迫降到首層並停止運行，只有消防人員使用的消防電梯（由應急電源供電）運行。這時樓梯間就成了垂直方向人員疏散的主要通道。因此，客房走廊、消防電梯和安全樓梯以及它們的前室是飯店防排煙重點區。當發生火災時，必須防止濃煙侵入上述區域。萬一煙氣侵入，應立即排出，以保證人員安全疏散。

2. 防、排煙系統

高層飯店的疏散樓梯和消防電梯必須是防煙的。防煙的功能包括排煙系統和正壓通風系統，如圖 2-39 所示。

（1）排煙系統。每層樓的走廊、消防電梯和疏散樓梯的前室都應有良好的排煙功能。排煙有自然排煙和機械排煙兩種方式。

室外疏散樓梯和敞開式疏散樓梯間都採用自然排煙的方式。敞開式疏散樓梯位於走廊盡端或一邊靠近外牆，樓梯間在室內，它透過敞開的陽臺或凹廊與走廊連接；從走廊進來的煙霧可透過陽臺消散，不會侵入樓梯間，保證人員能安全從樓梯疏散。

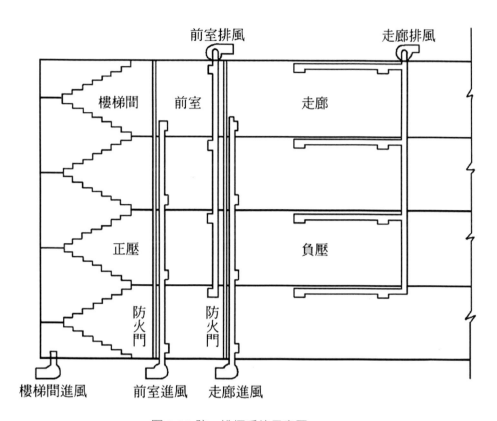

圖 2-39 防、排煙系統示意圖

　　當飯店的疏散樓梯和前室為室內封閉式結構時，就必須採用機械排煙方式。樓梯前室的面積不應少於 6 平方公尺。機械排煙一般採取送風排煙方案，即在前室設置送風、排煙口，分別與進風豎井和排煙豎井相通。在火災發生後，啟動送、排風風機，侵入前室的煙霧立即被送、排風口形成的氣流從排煙豎井中排出，不會再竄入樓梯間。

　　(2) 正壓通風系統。在發生火災後，啟動進風風機，向樓梯間加壓送風，使樓梯間達到 66.5Pa 的壓力，餘壓進入前室也可達到 40Pa 左右，大於走廊內的氣壓。當火災產生的煙霧侵入前室時，被前室內正壓擋在門外，即使有少量煙霧侵入，也被排煙口吸入排出，這樣可以確保疏散樓梯間的安全。

五、消防系統的運行管理

飯店消防系統的管理，應在「以防為主，防消結合」的方針指導下，做好對報警系統、消防供水系統、消防設備、消防設施的精心維護保養，保證報警系統的靈敏可靠，保持消防設施設備的完好；一旦發生火災，所有消防設備、設施都能迅速投入運行。要達到以上管理目標，應做好建立檔案和保養維護兩方面的工作。

（一）建立消防檔案

飯店消防系統是一個比較複雜的綜合系統。要做好日常的維護保養，並在火災發生時迅速而又有條不紊地進行滅火自救，首先要建立消防檔案。消防檔案的內容包括以下三方面：

1. 圖紙資料

現代飯店不但建築面積大，而且平面布置複雜，各種設施設備分布廣且有許多隱蔽工程。因此要收集、繪製、保存完整的飯店平面圖和有關消防設備、設施的各種圖紙。主要圖紙有：

①建築平面圖；

②消防給水系統圖；

③消防栓位置圖；

④自動報警系統圖；

⑤自動噴淋噴頭分布圖；

⑥火災探測器分布圖；

⑦固定式化學滅火器位置圖；

⑧防火門、防火捲簾位置圖，捲簾門控制線路圖；

⑨重點防火部門平面圖（包括易燃、易爆危險品位置圖）；

⑩事故電源線路圖；

⑪事故照明及疏散指示標誌分布圖；

⑫火災疏散路線圖；

⑬滅火行動路線圖。

2. 技術資料

要完全掌握現代消防設備、滅火器材的性能、特點，必須收集、整理本飯店所配置的所有消防設備設施的技術資料，包括名稱、規格、型號、技術性能、使用範圍、使用方法和維護保養要求等。

3. 管理制度

火災自動報警系統的靈敏可靠，消防設施、滅火器材的正常完好，是確保飯店安全的重要條件。要達到這個目的，就必須在平時對消防設備、設施進行認真的維護保養，檢查修理。因此必須制定切實可行的使用、維護、保養檢查制度。

（二）消防系統的保養和維護

消防系統的維修和保養，包括各系統指定專人負責，定期對消防設備、設施進行檢查、保養和維護。

1. 火災報警系統

為了檢查火災探測器及區域報警器的可靠性，飯店報警系統設有自動巡檢功能。一旦發現某探測器失靈、線路故障或其他問題時，能在控制螢幕上發出信號，並顯示其狀態。值班人員可按自動巡檢的情況及時發現問題，進行保養或修理。

2. 消防給水系統

（1）消防水泵

①做好對消防水泵的日常保養和定期保養；

②定期檢查消防水泵和各閥門是否處於正常狀態；

③定期對消防水泵進行運轉試壓；

④每年對消防水泵進行一次全面狀態檢測，針對存在的問題進行維修。

（2）給水管路

①新安裝的給水管道要進行耐壓試驗；

②定期對給水管道進行檢查，以保證管路暢通；

③定期對給水管路上各種閘閥進行巡檢；

④消防栓水管系統和自動噴淋水管系統要定期釋放空氣，以免空氣阻塞管道影響滅火。

（3）消防栓

①定期檢查消防栓內的水道是否暢通，水龍帶、水槍是否齊全、完好；

②定期對消防栓進行檢查、保養，並檢查消防栓閘閥開啟是否靈活。

（4）自動噴淋滅火系統

①定期檢查濕式報警閥的前後壓力是否一致；

②做好噴頭支撐及金屬框架的保養，做好防鏽、清灰工作；

③每年進行一次系統功能試驗，針對存在的問題進行維修。

（5）消防水泵結合器

①定期進行檢查保養；

②保持消防水泵結合器一定範圍內無雜物、無障礙。

3. 化學滅火器材

①定期檢查各種滅火器材的完好程度。

②每半年對二氧化碳滅火器稱重檢查。如檢查重量減 10% 以上，應補充藥劑和充氣。

③每年要檢查乾粉滅火器中乾粉是否結塊，如已結塊，要更換乾粉。

第七節 運送系統的運行及其管理

　　飯店運送系統包括垂直運送和水平運送，垂直運送設備主要有電梯和自動扶梯，水平運送設備包括自動人行道和旋轉餐廳等。本節主要介紹電梯的構造、運行及管理要求。

一、電梯的構造

　　電梯是機械、電氣和電子技術高度結合的複雜機器，由於電梯安裝在室內，且運行距離較長，所以電梯組成部分還包括機房、井道和廳站等建築結構，如圖 2-40 所示。

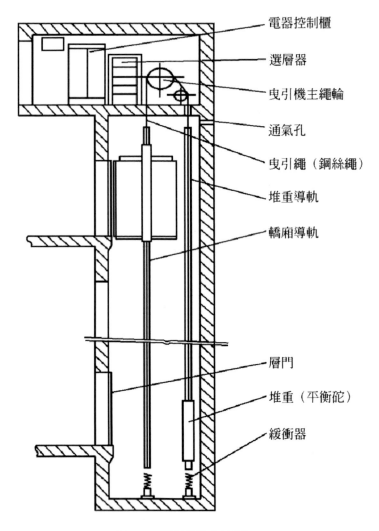

圖 2-40 電梯構造示意圖

現以鋼絲繩牽引的客梯為例，按電梯建築結構順序，介紹電梯的基本構造。

（一）機房

電梯機房位於井道的上部,設在建築物的頂層,機房應通風良好,面積適宜,便於操作和維修。機房內安裝有曳引機、電源櫃、控制櫃、選層器、限速器、地震感應器和應急電話等。

1. 曳引機

曳引機是電梯的主拖動機械,它是透過曳引繩(鋼絲繩)來牽引電梯轎廂上下運動的。曳引機實際上是一臺減速機,它是由電動機、蝸輪蝸桿減速器、減震(橡皮磚)、機座、電磁製動器和主繩輪等組成,如圖 2-41 所示。一臺曳引機還要配備一些機組附件,這些附件有盤車手輪、鬆閘扳手、導向輪、擋板和壓板等。

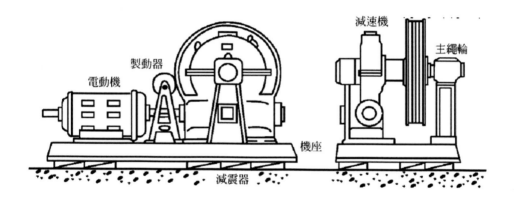

圖 2-41 曳引機結構示意圖

2. 選層器

選層器是控制電梯運行的中樞機構。以前的選層器多由電磁系統控制,現已改進為無觸點的積體電子控制系統,並且由單臺控制改為多臺機群控制。先進的電梯控制已採用數位程式控制,由電腦進行程式計算,選擇最佳的電梯運行分配方案。選層器除了為電梯選定層站外,還設有轎廂運行指示、上下行方向定向、轎廂內信號消除、上下行層站呼叫信號記憶及信號消除等功能。

3. 電氣控制櫃

電梯的電氣裝置、信號系統，如接觸器、繼電器、熔斷器、電容、電阻器、整流器及控制變壓器等都集中在電氣控制櫃中。控制櫃的電源由機房內專用電源開關引入，控制線路採用線管或線槽引出，經接線盒與電梯專用軟電纜（電梯隨線）連接，軟電纜另一端接到轎廂操縱盤上以控制轎廂各電氣設備。控制櫃接觸器引出的電力線，用線管送至曳引機的電機接線盒內，另外的控制線、信號線等分別接至選層器、井道各層接線盒中，構成控制電梯各種動作和顯示的線路。

4. 限速器

限速器是一種安全裝置，在轎廂超速到一定程度時動作。當由於各種原因引起故障，使車速超越規定速度的 130% 時，限速器立刻切斷電機的電路，並使制動抱閘動作，以停止電梯運行。如果此時電梯非但不停，繼續加快速度，那麼達到規定速度的 140% 時，限速器就使安全鉗動作，牢固地鉗夾其運行道軌，強制電梯停運。

5. 地震感應器

地震感應器安裝在機房地面，在感應到地面震動時，感應器指針偏移，接觸點斷開，使電梯轎廂在就近層站停靠，讓客人離開電梯。

（二）井道

井道是轎廂與平衡砣上下運行的通道。電梯井道多採用鋼筋混凝土結構，層數不多的建築，也有專用框架磚砌填充牆井道。

井道在每一層站開有門洞，經門套裝飾成為轎廂進出口。井道側安裝垂直對稱的轎廂軌道和平衡砣軌道，供轎廂和平衡砣上下運行。為保證電梯安全運行，避免電梯在運行中「越位」，電梯井道的最高層「頂站」上部和最底層「首站」下部都要有一定的高度作為緩衝量，並且底坑要設置緩衝器。為避免滲水，底坑要做好防水處理。此外，井道下部還裝有限速器脹繩輪、感應板、極限開關等裝置。

1. 平衡砣

平衡砣由平衡架和鑄鐵砣塊組成，鑄鐵砣塊碼入平衡架中後，再用壓板壓牢，平衡架的四角裝有滑動導靴，嵌入平衡砣導軌作上下滑動，平衡砣的作用是與轎廂起平衡作用，因此，平衡砣的鑄鐵砣塊數量與轎廂的載重量有關。

2. 緩衝器

在電梯井道底坑中，分別設置轎廂和平衡砣的緩衝器，其作用是減小轎廂和平衡砣在事故情況下受到的撞擊。

3. 導軌

導軌垂直安裝在井道側壁上作為轎廂和平衡砣的滑道。導軌大多採用 T 形截面的型鋼（由普通碳素鋼軋製而成），用壓導板固定軌道，俗稱「小道」。由於轎廂是在軌道上滑動的，所以對導軌的光潔度、垂直度的要求較高，這樣才能避免轎廂運行時的晃動和產生噪音。

（三）轎廂

轎廂又稱車廂或升降臺，是供人們乘用或裝貨的部件。轎廂是一個長方形廂體，由轎廂架、轎底、轎頂和轎門組成。轎廂頂部用鋼絲繩透過曳引機與平衡砣相連，轎廂兩側上下設有導靴，導靴將轎廂限制在井道壁上的導軌之間，使轎廂可沿導軌上下滑動。

1. 轎門

轎門是自動電梯非常重要的部件之一。它除了裝有驅動電機、開門機構外，為了防止碰傷客人，在轎門外口還裝有兩條可以晃動的電子門刀，門刀上安裝有很靈敏的觸動開關，當關門過程中人或物碰到門刀時，觸動開關立即使轎門停止關門並反向運行打開轎門。在轎門上還設有電子安全裝置，透過感應原理，以無接觸形式，探測正在進出轎廂的乘客或障礙物。一旦發現有人進出或有障礙物，即可延緩關門或使正在關閉的轎門立即反向運行打開轎門。

轎門與層門的開關是互相對應、同步運行的，轎門為主動門，層門為被動門，由轎門帶動層門開啟或關閉。

2. 操縱盤

轎門內兩側設有操縱盤，右側為主操縱盤，左側為副操縱盤（有些電梯無副操縱盤）。操縱盤上布置有各種操縱按鈕，包括選層按鈕，開、關門按鈕，上、下行按鈕，呼救按鈕和急停按鈕。呼救按鈕上方有一對講機與機房聯繫，通常在電梯故障困人時使用。目前電梯運行速度較快，急停對設備有損害，故大多數電梯將急停按鈕短接，使其失去作用。在主操縱盤下部有一個上鎖的小門，是司機用的按鈕蓋板，蓋板內的開關專供司機或檢修、清潔人員操作。

3. 樓層顯示器

樓層顯示器有兩種形式，一種將所有樓層的數字布置在轎門上方，顯示達到樓層的數字；另一種只在主操縱盤上方顯示樓層的數字，有的在停靠時還用語音報樓層數，方便盲人。

4. 通風及照明裝置

轎廂天花板上設有風扇及照明裝置，以提供良好的通風及適度的光線，天花板上還裝有應急照明燈。

5. 平層器

平層器是保證轎廂在各層停靠時與層門地坎找平的裝置。如轎廂衝過找平層向上或向下移動時，平層器就會將轎廂上下不斷反覆校正，直到找平為止。平層準確度是評價一部電梯質量的標準之一，速度在 1.5m/s 以上的電梯平層誤差為 $\pm$ 5mm。

6. 安全窗

在轎廂天花板上，設有一個可開啟的安全窗，用來解救因電梯故障而困在轎廂中的乘客。

7. 安全鉗

當限速器動作時，轎廂和平衡砣停止運行，並用安全鉗將其夾緊在導軌上保持靜止狀態。

（四）層站

層站（又稱廳站）是每層樓電梯的出入口。層站由層門框、層門、層門地坎組成。

1. 層門框

層門框旁邊設有層站上行或下行的呼梯按鈕（又稱廊鈕）。但底層只有一個上行廊鈕，頂層只有一個下行廊鈕。層門框上方或層門側面設有轎廂運行方向及到達層站指示器，以消除等候客人的焦慮心情。如層站不設運行方向及到達層站指示器，則應設轎廂到站時的運行方向指示燈和到站鈴，以提醒客人準備進電梯。層門框的裝飾大都採用不鏽鋼門套或大理石門套。

2. 層門

層門的種類很多，有中分門、雙折門、旁側開門、直分門、前後開門等。飯店客梯多用自動的封閉式中分門。層門的開、關是被動門，與轎門開關聯動，轎廂不到站，層門是打不開的。同時，轎門、層門和曳引機聯鎖裝置，在開門狀態時曳引機不能啟動。層門用滾輪吊裝在井道門框的滑道上，層門底腳裝有門導靴，可以沿層門地坎滑道移動。

3. 層門地坎

層門地坎是鋪在層門地坪上井道沿口處的金屬槽板，作為層門軌道，因此，地坎槽內必須保持清潔，防止雜物嵌入而影響層門啟閉。

二、電梯的性能要求

電梯是飯店最重要的垂直交通工具，對於高層飯店來說尤其如此，住店客人在進入房間前，首先要使用電梯。可以說，電梯是為住店客人直接服務的第一臺大型設備，也是客人唯一能看得見、摸得著的大型設備。因此，在客人眼中，電梯的性能在一定程度上代表了飯店的規格和檔次。不論是進口的還是國產的電梯都應具備快捷、舒適、安全等基本性能。

1. 快捷

電梯運行快捷的基本標準是要使客人候梯時間短，具體要求是：30 秒以下為良好，40 秒以上為不好。要達到這個標準，電梯的性能要滿足三方面的條件：

（1）額定速度高

目前大部分飯店的電梯額定速度都是在 1.5 ～ 2.5m/s 之間。客梯的速度一般應隨層數增加而提高。

（2）損失時間要少

損失時間主要是指開、關門的時間。電梯開、關門的時間要短，要儘量消除無用時間；電梯停層後要立即開門，門關上後要立即起動。

（3）控制方式要先進

要增加客梯的運力，提高運行效率，關鍵是要採用先進的控制方法。先進的電梯用電腦對客流量進行分析，根據客流狀態選擇最有效的輸送方法，以增加運力，縮短乘客的候梯時間。

2. 舒適

如果電梯啟動時加速過快或停靠時減速過急；運行時發生晃動、振動或有噪音等都會引起乘客的不舒適感覺。飯店客梯要求運行平穩、無晃動、無噪音，讓乘客在不知不覺中到達目的層。要達到以上要求，除了電梯本身的性能好以外，電梯的安裝一定要保證質量，否則高性能的電梯也達不到高質量的服務水準。

3. 安全

對乘客來說，電梯的安全就是使乘客能安全地進出轎廂搭乘電梯，因此，電梯在運載客人時必須具有以下安全性能：

①轎廂未到達停層站，層門、轎門不會打開；

②轎廂的平層性符合標準，不必擔心絆腳或踏空；

③轎門在關閉過程中碰到任何障礙時，立即反向動作（把門打開）；

④層門、轎門未關閉前，轎廂無法啟動；

⑤具有良好的抗災性能。

三、電梯的使用和運行管理

（一）電梯使用要求

1. 正確使用電梯

（1）在乘電梯時，應正確使用電梯按鈕。如果按鈕燈已亮，不要多次按按鈕，嚴禁用硬物敲擊按鈕。

（2）在轎廂內，要到哪一層樓就按所到層的按鈕，不得同時按動其他樓層按鈕。

（3）平時嚴禁按動呼救按鈕。在被困時，按呼救鈕後應等候專人解救，嚴禁自行爬窗扒門。

（4）電梯在關門過程中，如急於乘電梯，應按廊鈕，而不要去扒電梯門。在轎廂內的人想重新開門，可按開門鈕，儘量不要去動電子門刀。當轎門關到80%位置時，嚴禁用手或腳去阻止電子門刀，以免造成危險。

（5）當電梯超載時，會發出蜂鳴聲，這時應主動退出1～2個人，讓電梯啟動運行。

（6）不允許用人或行李等擋住梯門等人。應倡導只有人等梯，不可梯等人的乘梯習慣。

2. 電梯困人的解救方法

電梯在運行中因故障會產生困人的情況，受困於電梯內的乘客並無危險，但如客人慌亂爬窗撬門或由未經受培訓的人員盲目解救，反而會造成意外。所以，一旦電梯困人，應由飯店電梯工進行解救。為了緩解被困者的煩躁不安，首先要盡快與轎廂中客人通話，對客人進行安撫，以穩定情緒，然後採取以下方法解救客人。

（1）解救人員到電梯所停位置的上一層，用專用鑰匙打開層門，設法登上轎廂頂。如轎廂與樓層差不多相平，可在機頂盤動開門電機打開轎門使客人走出。如轎廂在兩層中間，可在機頂操作讓電梯慢行，直到平層，再開門將人救出。

（2）當無法慢車運行時，則應迅速去機房盤動曳引機主繩輪，使電梯平層放人。

3. 轎廂的日常清掃

每一位住店客人進出飯店，都要乘電梯，所以，要保持電梯的清潔衛生，必須經常打掃，電梯集中清掃一般在夜間進行，清掃的操作規範如下：

（1）清掃轎廂時，應將電梯停在首層，用專用鑰匙打開轎廂操作盤上的小門，將運行開關置於停止位置；將群控開關置於獨立位置；關掉門開關。這樣就可以使門打開，電梯不再運行，以便打掃衛生。不允許不作上述操作而強行開門吸塵。

（2）層門和轎門地坎是層門和轎門滑行的軌道，要保持地坎槽內清潔，以避免開關時發生故障。

（3）要注意擦拭電子刀上方的電眼玻璃，以保持光電感應的靈敏度。

（4）清掃完畢，將開關復原，鎖好小門，取下鑰匙，恢復運行。

（二）技術資料管理

1. 收集、整理技術資料

電梯結構複雜，技術性強，機械、電氣、電子、建築配合要求高，而且各部件位置分散。所以要做好電梯維護保養首先要有完整的技術資料。電梯技術資料主要包括以下內容：

（1）購置檔案。購置檔案包括詢價、訂貨合約、到貨日期、驗收情況、付款情況等。

（2）電梯技術資料。電梯技術資料主要指由廠方提供的電梯主機及各部分設備的名稱、型號、規格、性能以及所有的圖紙和安裝、使用、維護說明書等。

（3）安裝調試驗收資料，包括：

①機房、井道的土建結構圖；

②電梯安裝合約、安裝方案及安裝工藝卡；

③隱蔽工程驗收記錄；

④電梯檢查、調整和試運行記錄；

⑤電梯驗收記錄、移交手續。

2. 制定電梯管理制度

電梯管理制度包括以下內容：

（1）電梯工崗位責任制；

（2）電梯使用規則；

（3）機房管理制度；

（4）轎廂日常保養規程；

（5）電梯維護、檢修制度。

（三）電梯的維護和檢修

做好電梯的維護和檢修工作是確保電梯安全運行、避免事故發生的重要管理措施。由於電梯結構複雜，安全性能要求高，所以電梯維修人員必須具備電梯專業知識和維修技能，並持有上崗證才能上崗。

電梯的維護和檢修要按照電梯的維護、檢修制度，根據維修計劃按規定的內容和程序進行。

1. 電梯的維護、檢修計劃

電梯的構造比較複雜，運行距離大，部件數量多，且各部件性能、功用各不相同。因此，必須根據電梯部位的性能和特點，按不同的維修週期，制定維護、檢修計劃。

（1）日常維護保養計劃。日常維護保養計劃包括每班、每日、每週的日常維護要求和點檢內容。

（2）月度維護、檢修計劃。月度維護、檢修計劃包括對各種安全裝置、電氣控制系統的各種電氣元件進行維護和檢修。

（3）季度維護、檢修計劃。季度維護、檢修計劃要對重要的機械部件和電氣設備進行詳細的檢查與調整。

（4）年度維修計劃。年度維修計劃包括詳細檢查安全裝置、電氣設備和主要部件的磨損情況，更換、維修磨損零、部件。

（5）大修理計劃。每隔 3 ～ 5 年進行一次全面的拆卸、清洗、檢修和調整工作，並根據電梯使用頻度和零、部件磨損情況進行大修理。

以上計劃中的各項維修內容，要根據飯店經營特點、工程部技術力量和維修人員情況，安排在一年的十二個月中，制定出每個月的維護、檢修任務，然後，再進一步將每個月的任務分解到每週、每日，這樣維修人員就可按每週（每日）的具體任務對電梯進行維護和檢修。

2. 電梯的維護、檢修內容

電梯不同部位部件的維護、檢修內容和要求各不相同，因此要編制各部件具體的維護、檢修的內容和要求，以便於檢修人員進行維修。電梯的維護、檢修內容包括：主要機件的維護、檢修，主要部件的潤滑，電梯常見故障及其排除。

3. 電梯的維護、檢修程序

電梯的維護、檢修可分為兩部分內容，一是例行保養和點檢，二是計劃維護和檢修。

（1）例行保養和點檢。由電梯工按日常維護保養要求和點檢表逐項進行保養和檢查，並將檢查情況逐一登記在點檢表上。

（2）計劃維修。由電梯維修工按照每週（日）的工作任務，逐項進行維護和檢修，同時按規定進行潤滑。維修人員對每一部件進行維修後，應做好維修記錄或填寫有關表格。

本章小結

本章介紹了供配電、給排水、供熱、製冷、中央空調、消防、運送等七大重要設備系統的系統設備構成、系統重要設備的工作原理、運行管理要點以及系統的運行管理要求。

思考與練習

1. 飯店經營對供配電、給排水、供熱、製冷、中央空調、消防、運送系統提出了怎樣的要求，這些要求是怎樣形成的？

2. 供配電、給排水、供熱、製冷、中央空調、消防、運送系統的重要設備是什麼？請分別說明各重要設備的基本運行原理。

3. 分別說明供配電、給排水、供熱、製冷、中央空調、消防、運送系統的系統管理要點。

4. 選擇一家飯店，調查該飯店的一個設備系統，瞭解該系統的設備構成及其運行，並根據調查的結果寫一份說明。

第 3 章 飯店能源管理

本章導讀

　　本章對飯店能源管理的問題進行專門的討論。透過本章的學習首先要掌握與能源管理有關的基本概念，包括能源的類別、能源計量、能源統計、節能等，然後，重點掌握並理解飯店如何實施節能管理。本章主要從管理、操作層面對飯店節能的方法、有關的措施進行闡述。

▌第一節 能源概述

一、能源的概念和分類

（一）能源的概念

　　能源是自然資源的一部分，這些自然資源在一定條件下能夠轉換成人們所需要的電能、熱能、機械能、光能、聲能以及其他形式的能量。它們可以是燃料、自然能或能的載體。能源不是一個單純的物理概念，還包含有技術經濟的含義，即只有那些透過經濟上合理的技術手段得到能量的資源才能稱之為能源，所以能源的種類隨時間而變化。

（二）能源的分類

　　為了便於對能源的開發、利用和統計，常常從不同的角度對能源進行分類。常用的方法是按能源加工情況劃分。按照這種情況劃分，可將能源分成一次能源和二次能源。

1. 一次能源

　　一次能源是從自然界直接取得，沒有經過加工或轉換的能源，如原煤、石油、天然氣、水力、核能、太陽能、生物質能、海洋能、風能、地熱能等。它們在未開發以前，處於自然賦存狀態，稱為能源資源。世界各國的能源產量和消費量，一般均指一次能源而言，習慣上把各種一次能源統一折算到標準煤，每噸標準煤的發熱量規定為 $7 \times 106kcal$。能源消費以石油為

主，有時把一次能源統一折算到石油當量，每 1 石油當量的發熱量規定為 1×107kcal。

當前被廣泛使用的一次能源又稱常規能源，如煤炭、石油、天然氣和水力等。世界能源消費幾乎全靠這些能源來供應，在今後相當長的時間內，它們仍將是世界能源的主力。目前尚未被大規模利用，正在積極研究，有待推廣的一次能源叫做新能源，如太陽能、生物質能、風能、海洋能、地熱能等。能夠循環使用，不斷得到補充的一次能源叫再生能源，如水力、太陽能、生物質能、風能、海洋能、地熱能等。從資源角度看，可以認為它們是取之不盡、用之不竭的。億萬年形成的、短期內無法恢復的一次能源叫做非再生能源，如煤炭、石油、天然氣等，它們都是用一點少一點，總有枯竭的時候。

2. 二次能源

二次能源是一次能源經過加工轉換成的另一種形態的能源，主要有電力、焦炭、煤氣、蒸汽、熱水以及汽油、柴油、重油等石油製品。在生產過程中排出的餘能、餘熱，如高溫煙氣、可燃氣、蒸汽、熱水，以及排放的有壓液體等也屬於二次能源。一次能源無論經過幾次轉換所得到的另一種能源都稱作二次能源。例如電力是由煤炭、石油、天然氣、水力等一次能源轉換來的。在火力電廠，煤炭燃燒的化學能先變成蒸汽熱能，蒸汽再去推動氣輪機變成機械能，氣輪機帶動發電機轉換成電能，一共轉換了三次，但不叫三次能源，仍稱為二次能源，如圖 3-1 所示。

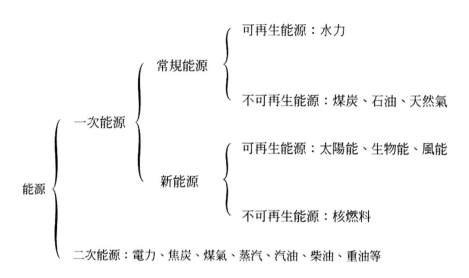

圖 3-1 能源分類

二、能源的計量單位

（一）原始單位

計量各種能源實物量所用的單位稱為「原始單位」。由於各種能源的形態不同，在對能源實物量進行計量時，往往採用不同的計量單位，例如，對固體燃料使用重量單位，氣體燃料使用體積單位等。表 3-1 所示為能源統計中採用的原始單位。

表 3-1 能源統計中的原始單位

燃料動力形式	單位	使用國家和地區
固/液體燃料	噸（1000kg）	世界各地
原油	噸（1000kg）	中國、原蘇聯、東歐各國、西方國家、發展中國家
各種成品油	桶①	中國、原蘇聯、東歐各國
	公升	中國、原蘇聯、東歐各國
	加侖②	西方各國
氣體燃料	標準立方公尺	中國、原蘇聯
	標準立方英呎	西方各國
電力	千瓦小時（kW·h）	世界各地

註：①桶為容積單位，這裡指的是石油桶，約等於 159kg。

②加侖為容積單位，有英國加侖（4.546L）和美國加侖（3.7345L）之分。

（二）通用單位

　　能源統計要反映出多種能源的相互關係，就必須採用共同的單位去計量不同的能源，即需要一個通用單位。在各種能源的屬性中，含有能量，在一定條件下都可以轉化為熱，因此，熱是分析各種能源的使用及相互之間進行物理化學轉化時，經常要用到的。所以將熱量作為統計計量的通用單位。各種通用單位，如圖 3-2 所示。

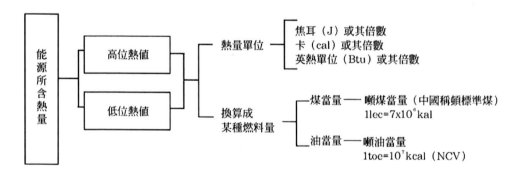

圖 3-2 能源統計中的各種通用單位

（三）能量單位換算

熱、功、能量單位為焦耳（J），其定義為：1 焦耳為 1 安培電流在 1 歐姆電阻上 1 秒鐘內所消耗的電能，稱為 1 焦耳。

世界各國在推廣國際單位制，但是目前還有許多國家和地區仍在使用英制單位、米制單位以及過去制定的一些統計圖表、計算公式，還沒有統一為國際單位制，

下面是常用的能量單位換算方法：

1. 英熱單位（Btu）

英熱單位是將 1 磅水溫度上升 1 華氏度（°F）所需的熱量，其換算公式為：

1 Btu = 1055 J

2. 千克標準煤（kgce）

固體燃料的低位發熱量等於 29.27MJ（或 7000kcal）時，稱為 1 千克標準煤（1kgce），其換算公式為：

1 kgce = 29.27 MJ = 7000 kcal

3. 千克標準油（kgoe）

液體燃料的低位發熱量等於 41.82 M J（或 104kcal）時，稱為 1 千克標準油（1kgoe），其換算公式為：

1 kgoe = 41.82 MJ = 10000 kcal

則 0.7 kgoe = 1 kgce

4. 電能量（千瓦時：k w·h）

1 kW·h = 3600 kJ

5. 製冷量單位（J/h）

國外經常採用冷噸（Refrigerating Ton，縮寫：RT）作為製冷量的單位。1 冷噸相當於在 24 小時內，將 1 噸 0℃水凍成 0℃冰的平均每小時製冷量，其換算公式為：

$$1 RT = 1.39 \times 107J/h = 3.86 \text{ kW}$$

第二節 飯店能源管理

一、飯店能源管理概述

（一）飯店能源管理的意義

飯店是一個耗能大戶，根據初步統計，擁有 4 萬平方公尺以上的高星級飯店年耗能平均在 5000 噸標準煤以上，能耗費用占營業收入的 5% ～ 15%。但長期以來，飯店的能源管理是一個薄弱的環節——能源使用無計量，能源消耗無定額，用能考核無標準——致使能源利用率不高，浪費嚴重，極大影響飯店的經濟效益。

飯店能源利用率是反映飯店能源利用水平的綜合指標。能源利用率的高低，一方面取決於供能和用能設備的技術狀況，另一方面取決於飯店的管理狀況。管理因素對能源的利用率所起的作用，並不亞於技術因素所起的作用。目前，許多飯店的設備設施現代化程度不斷提高，因此更需要運用科學的方法和先進的技術手段進行管理，從而使能源利用更合理、更有效。

（二）飯店能源管理的特點

1. 定量化

飯店購買、加工、轉換、使用任何能源，首先必須要有一個「定量」的概念。定量化是能源管理的基礎，只有在定量的基礎上，才能實行能源的定額管理，制定能源的供需計劃；才能開展能量平衡，正確評價耗能設備和飯店能源的利用效率；才能制定合理的能源規劃和準確的能源供需預測。定量化方法採用大量的統計數據；可靠的、完整的數據，是能源定量化管理的基礎，也是運用電腦管理的基礎。

2. 系統化

飯店使用的任何一種能源大都經過購入、轉換、輸送直到最終使用等階段，各個階段構成了一個完整的能源利用過程，稱之為能源系統。飯店的能源系統通常有：電力系統、燃煤（燃料油）系統、蒸汽系統、水系統、煤氣系統等。飯店要進行有效的能源管理，必須從系統化觀念出發，運用系統工程的方法，對各種因素綜合考慮，以獲得最優利用能源的方案。

3. 標準化

由於能源的種類較多，發熱量各異，各飯店用能結構也不相同，因此在能量統計、能量平衡和能源利用的取數、折算和分析中，必須要按統一的標準進行。能源標準化工作是能源科學管理的重要組成部分。

4. 制度化

飯店能源的利用是一個系統工程，在能源利用過程中涉及飯店各個部門、各管理層和全體員工。要進行有效的能源管理，就必須建立和健全各項規章制度，將能源管理的組織機構、職責範圍、工作程序、操作規程、節能要求以文字的形式明確下來，作為員工行動的規範和準則。

（三）飯店能源管理的內容及方法

1. 飯店能源管理的內容

飯店能源管理是為了達到一定的經濟、環境與社會目標，透過計劃、組織、監督、控制等手段，在不影響飯店服務質量、安全和環境標準的前提下，有效利用能源的活動。管理的主要目標是合理利用能源資源，提高能源利用效率，節約能源和改善環境。能源管理工作的共同原則是成本效益原則，如同其他的投資項目一樣，節能項目的實施取決於技術與經濟的合理性。飯店能源管理的具體內容有五個方面。

（1）建立健全飯店能源管理體系，明確各級管理者的職責範圍。

（2）貫徹執行國家有關節能的方針、政策、法規、標準及有關規定，制定並組織實施本飯店的節能技術措施，完善各項節能管理制度，降低能耗，完成節能工作任務。

（3）建立健全能耗原始記錄、統計明細記錄表與報表制度。定期為各部門制定先進、合理的能源消耗定額，並認真進行考核。

（4）完善能源計量系統，加強能源計量管理，認真進行能源分析研究，針對突出的問題提出解決方案。

（5）按照合理用能的原則，均衡、穩定、合理地調度設備運行，提高能源利用率。避免用能多時供不應求，用能少時過剩浪費的現象。

2. 飯店能源管理的方法

（1）建立管理機構。飯店能源的生產、使用遍及各個部門，加強能源的統一管理，是實現能源的統籌安排和合理使用、管好用好各種能源的重要保證。因此，對一個飯店來說，有了專門從事能源管理工作的組織機構和人員，才能把飯店的能源有效地統管起來。

飯店用能規模在年耗標準煤 5000 噸以上，或耗電 500 萬度以上，或耗油 1500 噸以上，就應指定一位副總經理負責能源管理，工程部必須落實專人負責能源管理，因此，飯店能源管理機構可併入飯店設備管理領導小組之中，能源管理機構的主要職責是：

①貫徹執行國家有關能源的法令，管理和監督飯店合理使用能源。

②制定飯店能源管理制度，完善飯店能耗計量網絡。

③制定並組織實施飯店的節能年度計劃和長遠計劃。

④制定飯店的能耗定額和有關部門、房站的能耗定額，並實施考核。

⑤組織學習、推廣節能經驗，組織開展節能教育和培訓工作。

⑥組織各部門能源管理工作的檢查、評比和獎勵。

（2）建立健全的能源管理制度。為了使能源管理科學化、制度化，必須建立和健全一套管能、用能、節能的規章制度，明確飯店能源管理組織及管理人員的分工和崗位責任制，飯店各有關部門在能源管理工作中的相互關係，以及能源的生產、使用、節約等各個環節的要求。

飯店的能源管理制度主要內容有：設備的經濟運行管理制度，能源使用管理制度和各部門能源管理制度。

（3）做好能源管理的基礎工作。能源管理的基礎工作包括以下兩方面的內容：建立完整的能源計量體系和做好能源消耗統計工作。

計量工作是能源科學管理的基礎，只有安裝好計量儀表，健全計量制度，加強測定、記錄工作，才能使能源管理工作定量化。飯店首先要為主要耗能設備補全能源計量和測試儀器儀表，再為各主要用電、用水部門安裝計量儀表；並要落實儀表管理和維修人員，建立健全儀表管理制度，建立完整的能源計量體系。

建立健全的能源消耗原始記錄，統計明細記錄表與報表制度。要把飯店中能源的來龍去脈、收支盈虧、節約浪費和波動情況搞清楚。能源統計資料是制定能源消耗定額和用能計劃的基礎，透過計量取得數據，做好原始記錄，在此基礎上進行統計、分析，從數據中找出變化規律，發現問題，從而提出改進措施。

（4）加強對設備經濟運行的管理。設備的經濟運行就是既要滿足飯店經營的需要，又要防止設備無效益的運行，還要避免「大馬拉小車」。對於飯店來說，住店人數與活動情況、氣候情況等因素與設備經濟運行有很大關係。

二、飯店能源計量管理

（一）能源計量管理的作用

飯店節約能源的途徑主要是加強能源管理和改造耗能設備兩個方面，這兩個方面都需要有可靠的能源消耗數據，僅靠「倒軋帳」來計算能源消耗是不能真實反映產品單耗情況，也無法進行飯店能源核算和考核的；沒有正確

的計量測試數據，也難於正確地進行技術改造。所以，飯店安裝能源計量儀表、完善計量體系是能源科學管理和節能技術改造中一項不可缺少的基礎性技術工作，是飯店實施能源管理的第一步。

（二）能源計量管理的要求

1. 設置能源計量管理人員

工程部需要指定專人進行能源計量的管理，工作包括計量儀表的安裝驗收、使用檢查、能耗分析、定額的制定、計劃的制定、統計彙總等；各部門要設置本部門的能源計量專職人員負責抄表、統計和對計量儀表的檢查等工作。

2. 建立健全能源計量管理制度

為了實施飯店能源計量的統一管理，飯店必須健全能源管理制度，能源管理制度主要包括以下內容：

①飯店能源管理辦法；

②飯店能源計量制度；

③飯店能源計量儀器管理制度；

④飯店能源統計分析制度；

⑤飯店能源檔案、技術資料管理制度。

3. 制定計量標準，嚴格計量監督

為了保證使用計量器具的量值統一準確，飯店必須根據實際需要，對主要的計量器具建立健全計量標準，嚴格計量監督。

4. 明確各部門能源計量的基本職責和任務

飯店總的能源計量工作由工程部負責。各部門負責本部門的能源計量和分析。能源消耗的情況應每天記錄，並與營業狀況、天氣狀況作比較分析。

三、飯店能源統計

（一）能源統計的概念和任務

能源統計是飯店能源管理的重要內容，是編制飯店能源計劃的主要依據，又是政府職能部門監督飯店能源使用、進行能源審計和平衡飯店能耗的基礎工作。

1. 能源統計的基本概念

能源統計是根據飯店能源管理的需要，確定能源統計範圍和統計方法，提出統計指標體系並對體系中各項具體指標的計算範圍、計算方式、數據採集、整理方法等作出明確規定，再根據該指標體系進行數據收集和整理的過程。

2. 飯店能源統計的基本任務

（1）建立能源統計系統。根據統計學原理和各種能源在飯店內部流動的過程及其特點，建立能源統計系統。該系統可劃分為能源購入貯存、加工轉換、輸送分配和最終使用四個環節，分別對各種能源進行統計。

（2）統計能源消耗量。飯店的能源消耗統計，主要包括兩個內容：一是統計每一種能源的全面消耗情況，即個別能源統計；二是在個別能源統計的基礎上，加工整理出反映整個飯店能源消耗情況的統計資料，即綜合能源統計。在統計能源消耗時，要計算各能源消耗部位的消耗量，用以分析消耗能源的去向與分配，研究能源消耗的規模和構成。

（3）統計能源的利用情況。反映能源利用情況的指標有兩個：一是單項能耗，又稱單位能耗；二是綜合能耗。這兩個指標可以反映飯店能耗的全貌、不同能源之間相互替代的影響，以及飯店餘熱的利用情況。飯店應對能源利用的情況進行分析研究，找出降低能源消耗的途徑，為改善能源管理提供資料。

（4）編制飯店能源消費平衡表。編制飯店能源平衡表可以從飯店各種能源的流向計算出能源購入量、自產二次能源和用於加工轉換的能源量、能源

直接消費量、能源庫存量等。編制平衡表還能反映能源加工和轉換情況，計算轉換效率，作為節能技術改造的依據之一。

3. 飯店能源統計工作程序

①確定統計範圍；

②建立統計指標體系；

③採集數據，進行整理加工，編制統計報表，計算各類能源綜合指標；

④繪製分析圖表，對所調查能源系統進行綜合分析與評價；

⑤將能源統計結果報送有關部門。

4. 統計準備工作

（1）明確調查目的，決定統計的內容和方法。調查目的明確，要求具體，統計的內容和指標體系就容易確定，也就保證了統計資料的完整性。

（2）統一統計單位，保證統計數據可比性。這樣做可為統計數據的整理、綜合分析提供方便，減少工作量。

（3）確定統計項目，設計統計表格。統計表格內容必須滿足彙總表的要求，避免重複和遺漏，統計項目表要明確、易懂、避免差錯，所列項目應該是統計工作所必需的、又能採集到數據；統計報表應表明統計期並註明統計表的報出時間，以保證統計數據的完整性、統一性和可靠性。

（二）飯店能源統計指標體系

1. 購入能源統計

我們將飯店用能體系看作一個系統，進行能源消耗統計分析與評價。在評價時，首先必須確定投入系統的能源總量，並折算出它們的等價值與當量值。有了投入能源的等價值和當量值，才能對不同種類能源量進行比較、加減和綜合平衡。

2. 能源加工轉換量統計

投入飯店的各類能源，有的直接使用，有的還要經過加工、轉換，轉變成二次能源和耗能工質，供飯店各用能部門或系統使用。飯店主要機房生產的二次能源與耗能工質如下：

①變電房及自備發電機組：電力；

②鍋爐房：蒸汽（或熱水）；

③冷凍機房：冷媒工質；

④壓縮機：壓縮空氣；

⑤水泵房：水（耗能工質）。

飯店內加工、轉換的二次能源（包括耗能工質）都是由購入的能源加工、轉換而成的，不包括飯店直接購入的二次能源。飯店加工轉換的二次能源應有詳細的統計指標。例如鍋爐房就應統計如表 3-2 中所列的指標。

表 3-2 鍋爐房蒸汽加工轉換統計指標

統計指標	計算單位	統計指標	計算單位
蒸汽生產量	t噸	用水單耗	kg/t噸
蒸汽焓量	kcal/t噸	冷凝水回水量	t
鍋爐房耗煤/油總量	t	冷凝水回水率	%
用煤/油單耗	kg/t噸	爐渣含碳量	%
用電總量	kW・h	空氣過剩系數	
用電單耗	kW・h/t噸	鍋爐熱效率	%
用水總量	t		

3. 能源輸送分配量統計

飯店能源輸送分配分為兩大類：一類是管道輸送的能源與耗能工質，這一類主要有蒸汽、熱水、冷媒水、冷卻水、燃料油、煤氣等；另一類是輸配電線路。

為計算輸送能源的損失量，飯店必須裝有足夠、實用的二次能源計量表，這樣才能取得可靠的數據。

4. 最終用能統計

最終用能統計是飯店能源統計中最為複雜的一個環節，但對於飯店來說耗能部分的基本構成是一致的，如圖 3-3 所示。

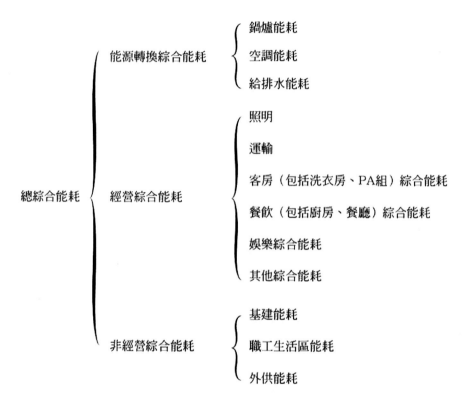

圖 3-3 飯店綜合能耗構成圖

5. 節約能源量統計

飯店節約能源量簡稱節能量，是指在一定的統計期內，飯店實際消耗的能源量與某一個基準能源消耗量的差值，通常是實際消耗的能源量與某一個能源消費定額之差值。所以，隨著所選定的基準量（或是定量）不同，其節能量也有所不同。

根據統計口徑的不同，飯店節能量可分為：飯店節能總量、單位產品節能量、單位產值節能量、節能技術改造項目的節能量和單項流程的節能量。

根據統計期不同，飯店節能量又可分為當年節能量和累計節能量。當年節能量是前一年與當年的能源消耗量的差值；累計節能量是以某一確定的年份與當年的能源消耗量的差值，實際上等於這一期間內各年的節能量之和。

（三）能耗評價指標

透過能量統計分析，可改善飯店的能源利用情況，目前飯店用能管理中主要的能耗指標是單項能耗和單位綜合能耗，主要設備效率和系統能源利用率。

1. 飯店產品的單位

飯店產品是為客人提供各項服務項目的總和，但飯店的規模有大小，檔次有高低，服務項目有多少，因此飯店產品應根據不同的情況用不同的單位來衡量耗能情況。根據飯店的特殊性，可取以下單位作為評價能耗的單位：

①使用空調的建築面積（㎡）；

②已出租的客房數（折算成標準間：間·天）；

③接待住客的人天數（人·天）；

④接待就餐的人數（僅統計廚房能耗）；

⑤飯店淨收入（萬元）；

⑥餐飲淨收入（萬元）；

⑦飯店耗能水平與氣候和客源情況的關係。

在對飯店用能流程進行系統平衡與分析時，除了按年度以外，還應按日進行分析。只有透過按日分析，才能找到其中的規律，也才能發現能源使用中存在的問題。

2. 能耗指標

能耗是考核飯店單位產品或單位產值所消耗的能源。能耗分為單項能耗與綜合能耗。

　　單項能耗可以直觀地反映出所用能源的種類、品位和結構，又可以瞭解飯店能源的消費構成，便於節省優質能源，發現耗能過大的環節。單項能耗是制定綜合能耗的基礎，綜合能耗是各單項能耗的綜合反映，因此它們在飯店能源管理中是相輔相成的兩個方面。

　　（1）單項能耗。飯店的單項能耗是指單位產品或產值對某種能源的消耗量：

$$單位產品能耗 = \frac{某種能源總耗量}{某一產品銷售量}$$

$$單位產值能耗 = \frac{某種能源總耗量}{淨經營產值（萬元）}$$

　　例如：每平方公尺使用空調面積每月平均耗電量為：

$$單位面積月耗電量 = \frac{月耗電總量 = （kW \cdot h）}{使用空調總面積（m^2）}$$

　　（2）綜合能耗。飯店綜合能耗是指單位產品或產值所消耗的所有能源，各種能源都要按等價熱值折算成相當於一次能源的能量。單位綜合能耗是考核能源利用水平的重要指標，不斷降低單位綜合能耗是能源管理的目標。

$$單位產品綜合能耗 = \frac{各種能源總耗量（lec）}{某種產品單位}$$

$$單位產值綜合能耗 = \frac{各種能源總耗量（lec）}{淨經營產值}$$

　　例如：某月平均每位住客日能耗量為：

$$每位住客能耗數 = \frac{月各種能源總耗量（lec）}{該月接待住客人天數（人·天）}$$

又如：每間出租房某月內平均水耗量為：

$$每間出租房月能耗數 = \frac{月耗水總量（噸）}{該月出租客房總間天數（間·天）}$$

▌第三節 飯店節能

一、飯店節能概述

（一）節能的概念

簡單地說，節能就是減少能源消耗，但是節能並不是單純的絕對數量的減少，它是一個相對數。

節能是指在不增加其他資源投入而滿足相同需要或達到相同目標的條件下，採取技術上可行，經濟上合理，社會能夠接受，環境所允許的管理或技術措施，提高能源利用效率，盡可能減少能源需求的增長。

1. 狹義節能

人們在生產和生活中都需要消耗能源，如果在滿足相同需要或達到相同目標的前提下，降低這種直接的看得見的能源實物消耗，也就是說提高能源利用效率的節能，稱為狹義節能。這是普通的節能的含義。

2. 廣義節能

人們在生產和生活中，除了直接消耗能源以外，還必須占用和消耗各種物資。人們利用的所有物資包括能源本身在內，都要經過生產、流通、儲存等過程，這些過程也要消耗一定數量的能源，這些能源「包含」在物資內，

是無形的。因此，在生產、生活中，節省物資也就是節省能源，這就是廣義節能。

廣義節能是在滿足系統需要或達到系統目標的前提下，提高能源系統效率，既包括直接節能也包括間接節能的完全節能。

廣義節能主要包括以下方面的內容：

①合理節省各種經常性物資消耗；

②合理節約不必要的勞務量；

③合理節約人力；

④合理節約資金占用量；

⑤合理減少其他各種需要所引起的能源消耗；

⑥合理提高設備效率；

⑦合理提高產品質量和服務質量；

⑧合理降低成本費用；

⑨合理調整服務模式。

（二）節能的基本觀點

要做好節能工作，應樹立長期觀念、綜合觀念、廣義節能觀念、經濟效益觀念和全員節能等觀念。

1. 長期觀念

節約能源不是權宜之計，而是一項長期任務，是國家的一項重要方針。社會生產的發展、經濟的增長離不開能源，也就少不了節能。因此，飯店的節能應因地制宜，從生產建設實際出發，長期規劃，逐步實現節能潛力。

2. 綜合觀念

節能涉及面廣，需要全面考慮，要從系統節能要求出發，採取多種措施。在考慮節能措施時，不能只注意節能措施自身的、局部的效果，還要分析有關環境的能耗增減情況，要看系統整體能耗是否節約，是否合理。

節能措施還必須考慮生產發展、提高產品品質、改善環境質量等因素，做到綜合評價，使節能效果與飯店綜合效益相統一。

3. 廣義節能觀念

廣義節能的內容已在上文作了闡述，廣義節能的範圍廣，節能潛力巨大，必須引起充分重視。

4. 經濟效益觀念

飯店推廣先進節能技術一般都可以獲得一定的節能效果，但其經濟效益有時並不顯著，因為有的節能技術的投入遠遠超過了節能的收益。因此，節能技術的經濟效益應是決定技術推廣採用與否的關鍵要素之一。

5. 全員節能觀念

節能涉及飯店的每一位員工，只有全體員工都提高節能意識，主動做好節能工作，節能才能做好。

（三）飯店節能的原則

1. 能源使用量與負荷的相符

出於設備運行安全等因素的考慮，飯店有部分設備的裝機容量遠大於運行負荷，這是在飯店節能工作中特別要解決的問題。做到能源使用量與負荷相符可以從兩方面著手：改造設備或加強設備的運行控制。

（1）低負荷設備的分離。飯店各系統的末端往往連接一些低負荷的設備，但這些設備的運行仍要啟動系統主機，這時可以考慮分離低負荷的設備，轉為自行控制，獨立操作。如在正常時間之外出現的洗衣房的熨燙工作，可以在熨燙機附近安裝一個獨立的小型蒸汽發生器來提供蒸汽，這樣鍋爐蒸汽系統就不需要啟用。又如，當外界溫度較低時，飯店的製冷機一般都關閉，

在室內需要降溫的個別區域如商場、總機房等可以考慮使用獨立的自控裝置進行製冷。

（2）運行標準的設定。設定運行標準是設備運行控制的重要內容。比較典型的是設定中央空調系統的運行標準，飯店應確定中央空調系統的運行時間以及各區域室內的溫度標準。另外應制定與中央空調系統運行有關的操作規程和操作要求，如前場排房要相對集中，以便關閉非入住區域的單個設備；客人離店後，客房部員工在清潔客房時要對客房空調的使用進行控制。

（3）增加小型設備。透過不斷的節能努力，會使飯店已有的設備在容量上顯得越來越大，設備容量過大顯然是低效率的，這時，飯店可以考慮審定實際的需要量，透過增加小型設備來解決容量過大的問題。這種做法可能使設備投資回收期變得比較長，但是，飯店的重要設備的預期壽命都將由此而變長。若飯店正好需要更新設備，這時增加一些小型設備，當是最經濟的。

（4）減少冷熱負荷。飯店中的每一項活動或工作都會影響到冷熱負荷。例如，飯店的照明需要用電，同時，照明燈具本身又會對夏季空調負荷造成影響，所以，對照明的良好控制有助於節能。又如，飯店會大面積使用玻璃，以創造良好的採光，但各種反光以及陽光透過玻璃產生的輻射對夏季的空調節能非常不利；有的飯店由於不能很好地調節廚房、洗衣房等場所的空氣壓力，使得這些區域在工作中產生的熱量源源不斷地進入其他需要製冷的區域，也會導致空調負荷增加。

2. 綜合考慮能源的使用效果

在實施節能的過程中，不僅要考慮直接使用能源的環節，而且要考慮一些非能源使用環節。在這些環節中，雖然沒有直接使用能源，但它影響了能源使用的效果，因此，飯店在這些方面所作的改進和提高可以帶來很高的節能效益，對這些環節的投入是值得的。例如，飯店進行水處理，防止沉澱和結垢，可以提高熱交換效率；調整鍋爐燃燒器的風油比，可以提高油燃燒的效率；進行人工再設溫度控制；改變設備的運行時間等。

（四）飯店節能的途徑

飯店節能主要有三個途徑：一是加強科學管理，二是積極採用先進技術，三是改變傳統服務方式。三個途徑相互間存在著密切的聯繫，它們相互補充、相互制約，在節能中應綜合考慮。

1. 加強科學管理

飯店能源管理的薄弱之處，就是缺乏科學的管理。節能方面的科學管理包括許多方面，除了建立能源管理體系、制定能源管理制度以外，還應做好以下方面的工作：

（1）開展節能宣傳教育。飯店用能具有廣泛性和分散性，涉及每一位員工，因此，飯店首先要重視節能宣傳工作，經常向員工宣傳國家的能源方針、政策、能源形勢和具體節能措施，提高認識，統一思想，才能組織各方面力量，同心協力做好節能工作。

（2）加強日常節能管理。加強飯店日常節能管理，杜絕能源的「跑、冒、滴、漏」是最基本、最直接的日常節能管理工作。飯店節能必須首先從眼前抓起，從小事抓起，從日常管理抓起。例如：蒸汽管上一個 3 公釐的小孔漏氣，一年就要浪費 20 ～ 30 噸煤炭，所以這類現象不可忽視。

（3）做好能源基礎管理工作。飯店能源基礎管理工作的重要內容是全面計量、統計分析、定額考核和實行獎懲四個環節。這四個環節的核心是定額考核。在完善計量的基礎上，建立飯店、部門、機房以及各班組的能源統計明細記錄表和統計分析制度，按月、季、年提出能源統計分析報告，為飯店提出節能措施提供可靠的決策依據。

（4）開展飯店能量平衡測試

飯店能量平衡測試是反映飯店耗能情況，分析飯店用能水平，查找飯店節能潛力，明確節能方向的重要手段；還可為改進能源管理，實行節能技術改造，提高能源利用率提供科學的依據。飯店應根據需要，有重點地開展熱能平衡、電能平衡工作。

2. 積極採用先進技術

加強管理固然能提高能源利用率，降低經營成本，但並不能替代技術因素所起的作用。在採用先進技術方面，飯店應做好以下三方面工作：

（1）盡可能採用先進的節能設備。飯店是用能大戶，必然會有許多耗能設備。在目前市場上，某一類具有相同功能的設備，其耗能量會有很大的差別。因此在購買新設備時，必須將其耗能量作為一個重要的考察因素，連同其他因素綜合評價，也就是既要對引進的技術進行評價，又要考慮該設備的壽命週期費用是否經濟。

（2）經濟地進行技術改造。建成後的飯店，有許多設備和設備系統由於各種原因，在技術上達不到節能的要求。例如，公共場所全部使用白熾燈照明；大面積公共場所照明沒有分區控制；一些電機的功率較大，而負荷較小，形成「大馬拉小車」的現象；有的飯店用電對重油進行加熱，既費電，效果又差；有的飯店蒸汽製備熱水後的冷凝水沒有回收等。針對上述情況，飯店應有計劃地進行技術改造，逐步改變能耗大的設備和設備系統，以達到節能的目的。

（3）採用先進的能源使用控制系統。採用先進的能源使用控制系統，可以實現對能源使用的精確控制，減少人工控制的不精細和隨意性。目前能源使用控制系統主要用於照明控制、鍋爐燃料控制、空調使用控制等領域，節能效果良好。

二、飯店區域節能控制

（一）客房節能

客房消耗了飯店相當一部分的能源和水資源，根據美國飯店的統計，客房的能源平均消耗占總能源消耗的比值為33%。當然，客房的能耗是隨季節、住房率等要素的變化而變化的。客房的節能可以從以下方面考慮：

1. 調整操作規程

飯店首先要選擇一個典型的日子監測和記錄 24 小時的能耗，分析每小時的能耗，得以發現能源的損失和每日能源使用的高峰時段，其中應包括對

員工在打掃房間時用的能源和水的統計。據估計，員工在清潔客房時可能會用掉三分之一的能耗，所以，飯店需要調整員工清潔客房的程序及方法，以減少能源消耗。

員工清潔客房的程序在飯店內似乎已形成一種規矩，飯店從未對其適用性、可操作性等問題進行分析。事實上，清潔工作不僅耗費了大量的能源也占用了相當一部分的人力資源，飯店需要對此進行改革和創新。

有時，規程以外的制度和要求也會對能耗產生影響。例如，要求員工及時進走房，盡可能早地關燈關空調。客房員工都會在客人離店的第一時間進房檢查物品的狀況，但很少有飯店要求員工在檢查物品的同時關燈或關空調，甚至有的飯店強調滿足客人的需要，在打掃住房時不關空調，把空調維持在客人需要的狀態，這樣就會產生極大的浪費。

2. 調整客房的安排

飯店對客房的安排也會對能源的消耗產生影響。例如，在飯店住房率較低的時期，根據設備和電力系統分區來相對集中安排住房，飯店就可以關閉一部分客房區域的設備，達到節約能源的目的。又如，在供熱季節，有陽光照射的客房先安排，而在製冷的季節則相反處理，也能達到節能的目的。

3. 調整客房設備設施

對客房部分設備設施進行調整可以減少能源的消耗。這種調整有時比較簡單，可以由客房員工根據需要來完成。例如在很熱或很冷的季節，使用窗簾等遮擋物來減少熱冷量的損失；在白天，可以留一條縫讓光線進入。當然，工程部承擔著主要的任務，透過對客房進行技術改造實現節能。例如在水龍頭上安裝壓力控制器或流量控制器；在冷卻器上安裝溫控閥；安裝插匙開關控制客房電力和空調的供應；調整馬桶的水位等。

（二）廚房節能

廚房一直是飯店能源利用率最低的地方，但這一事實一般被管理人員所忽視。廚房的能源浪費是比較明顯的。首先，無論餐飲業務量的大小如何，餐飲的基本設備如冰箱、通風等都在連續不斷地運行，其次，這些設備在設

計時都是按預期的最大客流量需要設計的。第三，由於缺少管理計劃，設備還存在過量使用或使用不當的現象，因此，在廚房有大量的能源被浪費。與一般的社會餐館相比較，提供相同質量和數量的食品，飯店的廚房的能耗是它們的 2～3 倍。實現能源有效利用的一個原則是在不降低客人需求的基礎上，最大限度地利用設備和能源，使成本最低，所以廚房的節能就要從包括設計在內的諸多方面進行考慮。

1. 在廚房的運行和操作中的節約

（1）廚房操作的集中度決定了能耗的水平，一般情況下，相同的銷售量由更少的廚房來實現有助於降低能源消耗，減少用工。所以飯店需要考慮廚房的操作可否集中；不同的廚房生產不同的食品是否可以合併以減少設備的運行；同時還要檢查飯店是否使用最廉價的能源用於烹飪和洗碗。飯店需要比較電力、煤氣、柴油或其他燃料的價格，選擇最合理的能源使用價格。一般認為，廚房使用蒸汽灶可以使烹飪時間縮短和能耗大幅度降低。

（2）廚房設備不使用時應關閉。對大灶來說，預熱一般為 10～15 分鐘，油炸爐不超過 5 分鐘。其他的烤爐等設備在不使用時應及時關閉。飯店應根據爐灶實際的使用情況，參考供應商提供的數據來確定相應標準。

（3）廚房的設備應與飯店需要相符，這種相符有兩種情況。一方面，當飯店的食品製作有消費的市場時，要考慮的是爐灶、用具等的尺寸應和需要相一致。例如，鍋、罐等的大小和需要加熱的食品的量相一致；用電熱爐加熱食品時，裝食物的容器應比爐子大；用於加熱的罐等應緊貼爐子，確保它們有良好的接觸面以降低熱量的損失；當達到沸點後，應把爐火調到最小等。上述要求的一個最根本的目的是為了減少能源的損失或充分利用能源。目前雖然無法準確計算具體每一項操作的能源消耗量，但這些操作中存在的浪費是能明顯感覺到的。另一方面的相符是和市場相符，即飯店所採取的操作是否有市場。目前在一些飯店有這樣的做法：為了吸引消費者的注意，促進消費，採用開放式廚房、展示櫃等形式銷售菜餚。飯店採取這種銷售和食品製作的方式是要仔細考慮的。例如一些飯店，在需要供冷的季節裡，一方面開足空調降低餐廳的溫度，另一方面在餐廳的一個角落擺上十幾個煤氣爐加熱、

製作食品，在這種情況下，空調的負荷是很大的。若飯店能獲得非常好的效益，這種方式還值得一試，如果飯店的效益沒有起色或起色不大，這種方式顯然是得不償失的。

2. 在食物準備中節約

從食品粗加工到上灶之前的所有環節都可以視為食品的準備過程。在這個過程中食品的清潔、冷藏、解凍以及半成品的製作都會消耗能源，所以對這些環節的控制是非常重要的。下面是一些在操作中經常被忽略的問題。

（1）冰箱、冷藏庫的使用。冰凍的食品應在冰箱內進行預解凍或在高溫冰箱中解凍，在冷藏庫中儲存的食品亦如此。採取這種方法使食品比較容易融化，而且有助於減少冰箱的能耗。但是，這種操作許多飯店認為是不可行的，因而很少被使用。實施類似操作的關鍵是提高飯店廚房管理的水平。

在冷凍食品的儲存方面，廚房應儘量合理使用冰箱的空間。在廚房的冰箱中，經常看到食品是直接疊放的，並不採用架子分隔。這種做法有許多的不利之處：食品由於疊放不能充分冷凍，達不到食品儲存的要求；由於疊放，冰箱的空間不能充分利用，每臺冰箱都在運行，但每臺冰箱中只存放著很少量的食品，把這些食品合併，有可能關閉一部分冰箱；食品的疊放還不利於食品的先進先出，造成食品浪費，有時還會因為食品的誤用而導致客人食品中毒。

應減少冰箱的開啟次數，每次開啟時要注意對冰箱把手的保護，冰箱關閉後，確保每扇門都關好而且是緊密無漏氣的。離開冷藏庫時，還要注意關閉冷藏庫內的燈，否則，這項不必要的照明不但浪費能源而且增加熱負荷。

（2）清潔時的節約。採用浸泡洗的方式可以在使用相同或更少的能耗的情況下，獲得更好的洗滌效果。無論是洗蔬菜還是洗拖把，直接用水沖洗都不利於節水。

在洗碗工作的後期，由於碗的數量大大降低，這時可以考慮關閉設備，把後面零星的碗積存起來達到設備一次負荷的量時再開啟進行清洗。

對熱水的使用更要注意節約，只在需要時才使用。

3.廚房的設計和布局與節能

廚房的規模通常按所預期的最大進餐人數進行設計，一般很少考慮低需求量時的適用性。許多飯店都設有多個餐廳，因此在能源和人力消耗方面都有額外的浪費。因為在低需求量期間原來只需要一套烹調設備就可以滿足需要的情況下，卻要保持使用一套以上的烹調設備。

有的飯店設有中心廚房，全部食品均在此製作，在飯店的其他場所設立為宴會等服務的廚房。有的飯店有數個廚房，每個餐廳一個，在一天的不同時間進行工作。設置多個廚房，則全部廚房的綜合容量通常遠遠超過飯店的總需求。例如，每個廚房中都需要冷藏室，以不同的使用程度一天 24 小時運轉，其中的浪費是很顯然的。

從食物的製備和供應來說，廚房的設計和利用有其特殊的要求，但確實存在能耗較高的問題，這就需要從布局和設計中加以改進。

中心廚房因為對設施的利用率較高，用能的效率也最高。但大型中心廚房在設計中的普遍問題是，設計往往沒有考慮烹調需求量是變化的，因而需要有調節功能。一天中有些時間段，因為開房率、菜單類型等關係，只要使用一小部分設備，但由於在設計中沒有這樣的考慮，廚房的所有設備只能全部開啟。理想的廚房設計應能適應低生產量時期的需求，有較小型的爐灶、烘箱、烤爐等可在這些時間內使用，大的設備可以留在製作較大規模餐食時使用。

因為對廚房設施需求量的變化，大小組件相結合的設計是用能最有效和費用最低廉的廚房布局。這種設計可大大降低在較少客人進餐時每位客人的高能源消耗量。大小組件相結合的廚房設計還能降低使用爐灶和烘烤設備所需要的通風量。使用可變空氣容量的供暖和空調系統，能使通風量與空間的占用率相符，這樣可以大大降低這些系統的能耗費用。

廚房照明裝置的選擇，不僅影響照明的能源消耗，也影響所需的空氣調節量。高照明度的白熾燈向空間散發大量的熱，增加空氣調節的負荷。所以

廚房應使用效率高的螢光燈型照明系統，配以有限的白熾強光燈，尤其是在食物顏色很講究的地方，要非常注意照明。

（三）洗衣房節能

飯店洗衣房的運行對環境有很大的影響。在各種洗滌和整燙的過程中，需要使用大量的能源和水，而且化學劑的使用，有毒廢棄物、汙水的排放等都會影響到環境。所以，除非是大型飯店有必要設立自己的洗衣房，一般的飯店設置自己的洗衣房從環境保護及經濟效益角度都是不合理的。

洗衣房的能耗主要取決於所使用設備的類型，另外也部分地取決於所處理的織物的情況。洗滌過程大約占整個洗衣房能源消耗的 35%，烘乾和整燙占 65%。

1. 洗衣房運行的節能

（1）檢查洗衣運行時間是否適合實際運行的需要。延長運行時間將會導致能耗的增加。如果在正常的工作時間後仍有部分操作要進行，考慮安裝一臺小型蒸汽發生器，以代替整個蒸汽系統的開啟。有時，偶爾收到的單件衣物甚至可以委託外面的洗衣房洗滌。

（2）飯店可以考慮儲存較多的布草。國外的一項調查表明，配備實際使用量 5 倍的布草，可以使洗衣房關閉 2 天，而配備 4 倍的量可以使洗衣房關閉 1 天。

（3）洗衣房的運行時間應根據實際負荷進行調整，這個負荷主要由飯店的住房率決定。當住房率非常低時，可以考慮關閉洗衣房或減少洗衣房的工作時間，而在住房率較高時增加洗衣房的工作時間。減少客房棉織品的更換和減少餐廳棉織品的使用是從根本上解決洗衣房負荷的環節。客房棉織品的更換量減少需要得到客人的配合，即床單不髒，客人未提出要求的情況下，在客人入住期間儘量不更換客人的床單，改「一天一換」為「一客一換」。這種做法還能減輕客房員工的勞動強度。餐廳若採用木製、籐製等直接可以使用的餐桌時，就可以不使用餐臺布。當然這只是從洗衣房的角度出發，飯店如何選擇還要作全面的成本分析。

（4）洗衣設備在達到一定容量時運轉是較合理的。容量較小時運轉洗衣設備既不利於節能也不利於洗淨衣物。洗衣房可以與客房、餐廳協商後確定穩定的時間表確保洗衣設備的正常、連續工作，替代不定時開關設備及設備的低負荷運轉。

（5）在洗衣房員工休息和正常工作時間結束後，應及時關閉蒸汽系統；在正常工作時間，對不使用的設備也應及時關閉其蒸汽供給。發現蒸汽、水、壓縮空氣的外洩應立即修復。

2. 洗衣設備管理與節能

洗衣設備的運行管理及設備的維護狀況與節能有很大的關係。下面介紹一些飯店可以考慮的措施。

（1）烘乾機是一種耗能較大的設備，所以應對它的操作進行規範。洗衣房應控制烘乾時間，以防止衣物過乾。可以考慮安裝一個濕度感應器，實現自動停止烘乾，以替代預設時間方式的操作。烘乾時，確保機器的運行負荷滿足要求。在運行時要注意調節各個烘乾機的容量，儘量使某幾臺設備一直處於運行狀態，而不是讓所有設備都斷斷續續運行。烘乾機的纖維濾網和收集器應定期清潔和維護，蒸汽盤管上不能有纖維，否則，會影響烘乾機的效率。如果可能還應考慮安裝熱回收系統。

（2）大型熨燙台內部應保持無灰、無滯留物以維持最大的熱交換；及時進行潤滑工作以減少摩擦；調整滾筒的真空度，因為過量的吸力會降低滾筒的溫度；檢查大型熨燙台的壓力是否滿足設備的要求，確保設備運行良好；熨燙台內部應保溫，以防止不必要的熱損失，機下的蒸汽管也應保溫；在熨燙台的後面可以安裝一個熱保護螢幕；在熨燙台的上部可以安裝一個天棚以保持熱量並有適當的排氣孔，這樣可以防止熱量在洗衣房的聚積並能保持熨燙台的熱量。

（3）乾洗機的負荷也應與機器容量相一致，在不使用時要注意關機；乾洗機的冷卻水應循環使用並確保當機器停止使用時水流能自動停止；定期檢查設備的密封狀況和清潔狀況，使設備運行良好。

三、能源使用控制系統

目前有四種常用的能源管理控制系統：時鐘系統，週期性負荷系統，電能需求控制系統和電腦控制系統。

1. 時鐘系統

時鐘系統是最簡單最經濟的能源管理控制系統。這種系統按預定或程控的時間間隔開關設備。一個常見的應用實例就是戶外的照明設施。定時器被設定在日出和日落時間動作，可每隔 45 天～ 60 天手動重新設置一次。現在戶外照明設備中的定時器已經被感光器取代。大部分服務用建築都具有某種時鐘能量控制系統。

光電管也被用於日出日落的定時器中。它們不必重新設日出日落時間。如果由於暴風雨，天變得非常暗，低於通常白天的亮度，它們也會自動開啟照明設備。

2. 週期性負荷系統

週期性負荷系統用於控制幾臺大能耗設備，並使這些設備不能在同一時間全部運行。它們也可以按照程式只允許某些指定的設備在特定的時間段內運行。透過這種方式，控制系統可以限制電氣設備的運行時間，從而控制能耗。例如，只有在餐廳被使用時，餐廳內的空調系統才週期性運行（很像時鐘系統）。在餐廳空調系統運行的同時，週期性負荷系統會關閉另一主要的耗能設備，如電熱水器。

這種控制系統能確保在任何時間能源供應系統都不會出現超負荷。因而，它們與需求控制和時鐘的聯合控制系統比較相似。

對於多單元建築和劃成區域的建築中的能源控制來說，週期性負荷系統是比較理想的。以一棟建築為例，建築中每一個具有獨立的加熱或空調系統的部分被稱為一個區。假設某棟建築有三個區，在同一時間操作員只允許兩個區供熱或製冷。如果第三個區需要供熱或製冷，則在前兩個區中的某一個區的加熱器或冷卻器被關閉以前，第三個區的設備是不會被啟動的。

3. 電能需求控制系統

在最大電能需求或能源需求量被設定的情況下，電能需求控制系統與週期性負荷控制系統是非常相似的。最初，任何一臺電器設備都可以被啟動運行，直到用能量達到預設的需求值。此時，在需求高峰期，額外的設備是不能夠運行的，除非有一臺運行中的設備被關掉，許多設備將不能在同一時間運行，因此，能源的需求負荷和消耗量都得到了降低（這一點對於電能特別重要）。但是，在一些情況下，如果中央製冷系統停止運行一段時間，大樓內的溫度就會上升。那麼，當製冷系統最終被啟動的時候，它可能必須運行相當長的一段時間才能帶走樓內過多的熱量。在這種情況下雖然總能耗量不會減少太多，但電能的超負荷需求將會大大減少。

4. 電腦控制系統

電腦能源控制系統能計算空調等電氣設備的運行時間，所以也可以擴充其功能，用於維護時序安排。這種時序安排是依據運行時間確定的。由於要用電腦連接各控制設備或作為每個控制設備的界面，所以系統的成本較高。為實現這種連接界面需頻繁地使用電話線或輸電線。

用於能源控制系統的軟體已經被開發。一些適用於小飯店的軟體可在 PC 上運行，但大型飯店，需要另一些在大型電腦上運行的軟體。

一種不需要 PC 機或大型機的最簡單的電腦控制部件是恆溫器芯片。它被直接安裝在能耗設備上，例如熱水器。這種部件控制非常精確，它可以被設置在指定的時段內啟動熱水器，以控制電能需求並全天或在一週中不同的日子提供不同溫度的熱水。一家飯店在其熱水設備中裝入這樣的部件將減少 37% 的用於加熱水的能量消耗。

類似的部件可用於客房，如，與被占用情況傳感器（紅外線或運動探測儀）連接，在供暖和製冷的季節控制被占用和未被占用房間的室溫。

電腦系統在安裝中可能存在的問題是被控制的房間裡的中央空調設備與電腦之間的界面網路問題。有兩種可行的技術已被用於飯店業。無線電波能透過電線從電腦傳到各種界面設備（恆溫器，被占用情況傳感器，電器設備

調節器），從而檢測溫度、被占用情況，或開／關設備。因此，如果客房的溫度高於預設的限定值，信號就會被傳送給調節房間狀態的電腦；如果房間被使用，那麼信號就會從電腦傳至電器調節設備。

這種系統也能在一天中以最大的效率操縱中央空調系統，它還可以被用於煙氣檢測和電能需求調節、安全監測、地面沖洗、通風量和戶外照明度調節，以及游泳池、按摩浴缸、冷卻水塔、廚房蒸汽設備等的水質檢測。

本章小結

飯店能源管理的主要目標是減少能源浪費、降低能源消耗、減少環境汙染。本章主要從管理和操作的層面分析探討了飯店能源管理的方法、要求及措施。

思考與練習

1. 能源是如何進行分類的？調查一家飯店，瞭解該飯店主要使用了哪些能源？使用量是多少？能源消耗對該飯店經營的影響有多大？

2. 什麼是節能？調查一家飯店，分析該飯店存在的能源浪費現象，並試著提出相應的節能措施。

第 4 章 飯店設備管理的基本環節

本章導讀

設備管理包括設備從投資決策到報廢處理的全過程，這一過程包含兩種運動形態：物質運動形態和經濟運動形態。對物質運動形態的管理主要包括：投資決策、購置、安裝、調試、試運行、使用、維護保養、維修、改造更新等環節。對經濟運行形態的管理是針對上述環節的經濟分析和評價。本章主要對各管理環節分別進行了論述和探討。

▌第一節 設備的前期管理

一、設備前期管理概述

（一）設備前期管理的內容及其重要性

1. 飯店設備前期管理的內容

設備的前期管理又稱設備的規劃工程，是指設備從規劃開始到投產這一階段的管理。設備前期管理的內容包括：新增設備規劃方案的制定、論證和決策；設備市場調查和資訊收集分析；對所選設備進行技術上與經濟上的分析、評價；設備採購、訂貨、合約管理；設備進店後的開箱驗收、安裝和調試，以及設備使用初期的管理等。

2. 飯店設備前期管理的重要性

設備前期管理是設備壽命週期管理中的重要環節。對設備前期各個環節進行有效的管理，將為設備後期管理創造良好的條件。飯店設備的前期管理與取得最佳投資效益密切相關，應受到重視。由於投資方、建造方、管理方常常是不同的利益主體，如果溝通不力，且沒有統一的標準，就會影響前期管理的有效性，從而導致後期管理的困難。設備前期管理的重要性具體表現在以下三個方面：

（1）影響飯店運行的成本。設備購置和運行是飯店成本的重要組成部分。雖然設備運行成本是在設備後期管理中發生的，但它在很大程度上受設備自身性能的影響，因此，設備壽命週期費用的 90% 在設備購買時就已經決定，後期經過管理以減少設備壽命週期費用的幅度不大。

（2）影響飯店的生產效率和產品質量。前期選擇的設備型號、性能以及設備安裝、驗收、試運行管理的狀況直接影響設備正式運行的效率，影響飯店技術裝備水平和系統功能，而這些要素將最終影響飯店產品質量狀況。一般情況下，設備一旦投入使用，即使出現一些問題影響到產品質量或生產效率，飯店往往也不願意立即更換設備，因為這將增加飯店成本，所以，前期管理對生產效率和產品質量的影響是一個長期的過程。

（3）影響飯店裝備效率的發揮和利用率。前期設備投資要考慮設備的適用性、可靠性、維修性、配套性等要素，設備的這些性能要素會影響飯店裝備的效率發揮和利用率。

總之，設備的前期管理不僅決定了飯店技術裝備的素質，關係著飯店戰略目標的實現，同時也決定了費用效率和投資收益。

（二）設備前期管理的原則

設備前期管理工作涉及面廣、工作量大，是飯店經營活動的重要內容之一，它需要飯店最高領導和各有關部門通力協作和密切配合。為了做好前期管理工作，飯店需要遵守某些基本原則。

1. 明確職責和分工

飯店首先要明確在前期管理中各部門的職責和分工。因為設備投資是飯店發展戰略的重要組成部分，所以飯店的最高領導者必須直接主持這項工作，並對設備投資作出決策，飯店不能把決策工作交給某一部門去完成，因為部門決策往往不能考慮到飯店的發展戰略。

2. 專業人員參與

設備投資的整個決策過程必須有精通設備管理與維修的專業人員參加，確保設備在技術上的先進和可靠。實踐證明，這樣做有利於設備投產後的管理與維修，也有利於對先進技術的消化和吸收。

3. 加強設備投資效益評價

設備投資是一項技術經濟性很強的工作，是飯店投資的重要組成部分。據統計，飯店設備的投資占到總投資的 30% ～ 50% 左右。為此，飯店必須要求財務人員參與設備的規劃工作，進行投資經濟分析，並在安裝結束後結算工程費用，進行經濟效果評價。

4. 設備使用部門參與前期管理

根據設備規劃、購置和使用相結合的管理原則，使用部門參與設備的前期管理非常重要。設備的使用部門應根據業務運行和產品的質量要求對設備提出使用標準，必要時，要對投資方案提出可行性報告。在設備購置後，使用部門應派員對設備進行驗收。

5. 動力、環保規劃同步實施

設備在前期管理中容易忽視的問題是設備的增加與改變可能引起對動力使用要求的變化，因此，動力部門應及時提出能源供應、公共設施、動力站房及管網的規劃，使設備規劃能順利實現。設備前期管理還要注重環保問題，考慮設備的能源消耗，考慮環保設施的同步規劃，使設備後期運行能滿足環保的要求。

二、設備的決策與購置

（一）設備投資決策

1. 飯店設備投資決策的一般過程

飯店應建立合理的設備投資決策程序。合理的投資決策程序是科學決策的保證。投資決策程序應包括確定設備投資的方針、對設備的要求以及可行性調查等。

在對設備進行投資決策分析時，首先要進行市場調查，確定設備對飯店的適用性和設備價格的合理性，分析設備投資的風險和收益。大型設備可採取招投標的方式進行。然後，飯店應對每個備選設備形成獨立的方案，再在各備選方案中進行比較評估，選擇最有利於飯店的方案。

2. 設備決策的原則

設備決策的基本原則是：技術上先進，經營上適用，經濟上合理，運行可靠且便於維修。

技術上先進是指飯店所選擇的設備應盡可能具有先進的技術，滿足管理效率和客人對舒適性的要求；經營上適用是指能滿足飯店的經營、檔次要求；經濟上合理是指能獲得良好的投資效益；而運行可靠則是要求飯店選擇的設備具有較高的可靠性，便於維修要求飯店的維修技術含量與設備的技術含量相配合，或者飯店能得到良好的維修服務。

3. 設備決策中的參考要素

（1）適應性。設備的適應性是指設備應滿足飯店經營的要求，與飯店的規模、檔次相適應。同時，設備要適應客人享受的需要，有較高的服務能力。

（2）可靠性。設備的可靠性是指設備在規定的條件下，在預定的時間內完成規定的功能的能力，是衡量設備性能的重要標準之一。「規定的條件」是指設備所處的環境條件和使用條件。環境條件包括溫度、濕度、震動等，使用條件包括使用方法、使用頻率、使用者的操作技術水平與維修方法及運輸、保管條件。「預定的時間」是指設備的經濟壽命期。「規定的功能」是指設備的預期功能，即設備應實現的使用目的。在選型時，設備的可靠性是以設備性能的穩定性、安全性和持續耐久時間來衡量的。

（3）維修性。在設備決策時要考慮設備結構的合理性，檢查和維修的方便程度，零配件的標準化、通用化和互換性程度。這些因素反映了設備的維修性，它們將決定在維修過程中修理的難易、停修時間的長短及設備運行的效率等。

（4）節能性。能源消耗大是飯店設備運行的一個重要特徵，節約能源是飯店設備管理的重要目標。為實現這一目標，在選購時就要考慮能源利用率高、耗能少的設備。

（5）配套性。飯店設備大部分都呈系統狀態運行，因此設備的配套性要求較高。新購置的設備型號、功能、容量要與其相關聯的設備配套，不應盲目選購。

（6）安全性。設備在運行中必須確保安全。在選擇設備時，要考慮設備的安全性能，注意設備的各種保證安全的措施、必備的裝置狀況，以及附件的合理性、可靠性及靈活性。

（7）環保性。設備的環保性是飯店產品質量的要求，也是社會發展的要求。在設備選型中要考慮設備的噪聲、震動、泄漏、汙染物排放等影響環境的問題。在決策時，設備的環保性是以節能、汙染少、低噪聲、高效來衡量的。

（二）設備的購置

1. 設備採購的方式

設備的採購是一項比較專業的工作，飯店的設備採購一般有兩種方式：一是統一由採購部採購，二是由工程部自行採購。無論採取哪種形式，都各有利弊。設備由採購部統一採購便於飯店的採購管理，但設備的質量，特別是適用性會由於採購人員缺乏專業知識而降低。這種採購方法的問題可以透過制定詳細的採購標準，對供應商進行有效的評價並在合格供應商中實施標準採購，嚴格執行操作程序來解決。由工程部自行採購可以保證採購設備及零、配件的質量，但對採購過程不易控制，解決的辦法可以是透過實施嚴格的採購程序來控制。鑒於上述兩種採購方式存在的利弊，飯店也可以考慮採取聯合採購的形式，即由採購人員和工程人員一起採購，但這種方法在人力資源等方面消耗過大，而且還存在兩個部門的協調問題。

2. 採購資訊和採購標準

設備的決策和採購需要資訊的支援，這些資訊不僅僅是指產品的價格、質量資訊，對決策而言，重要的是要獲得新技術、優良技術資訊和供應商資

訊。從目前的情況看，飯店要獲得價格、質量資訊相對較容易，而獲得新技術資訊相對較難。所以，飯店應建立有效的資訊收集渠道，與飯店設備製造行業多聯繫，及時獲取有效資訊。

收集供應商資訊一方面是為了瞭解供應商，提高採購質量，另一方面是透過資訊收集進而與供應商溝通，獲得技術資訊、產品資訊。由於飯店設備具有明顯的行業特徵，因此，透過與供應商的溝通還可以將飯店對設備的要求提供給供應商，使雙方都能獲益。

設備採購標準是飯店實施內部管理的一個資料庫，它是採購、驗收標準化管理的重要內容。飯店要逐步建立並完善設備採購標準，詳細說明設備、備件、附件、工具等的規格、型號、品牌、材料等各種參數，從而為設備維護保養管理提供數據。

3. 採購合約管理

在採購中應重視合約管理。在採購合約中供需雙方應就下述內容達成一致：

①設備具體規格、技術性能及專門要求；

②設備附件的要求；

③設備用途和加工範圍的要求；

④操作性能、結構合理性要求；

⑤安全防護裝置的要求；

⑥交貨期、付款方式的要求；

⑦技術培訓與服務，包括備件、圖紙資料、維修作業指導書等。

採購合約管理是一個廣義的概念，訂貨合約及協議書，包括附件和補充材料、訂貨過程中的往來電函、會議紀要和訂貨憑證、單據等都屬於合約管理的範疇，上述文件和票據都應妥善保管，以便訂貨過程中查詢和執行合約時查驗。

合約管理是檔案管理的重要內容，應按照檔案管理的要求對合約進行編號、歸檔並設立專門的明細記錄表。

（三）設備採購的驗收

1. 設備驗收的要求

外購設備運抵飯店後的驗收，是設備前期管理中的一個重要的環節，它是對設備投資決策最終實現的檢驗。工程項目的驗收也應遵循下述要求。

在設備運抵飯店後，應及時組織驗收。一般可以由工程部經理組織財務部、採供部、設備備品倉庫、檔案室以及使用部門等的有關人員進行開箱驗收，上述人員分別對設備的價格、單據、合約、質量、技術、備品備件、技術資料及時進行核對，使驗收工作充分有效。設備備品倉庫、檔案室的人員參與設備驗收可以及時對設備的備品備件和技術資料進行妥善保管。如是進口設備，則必須由海關開箱，按合約、報關單、品名、規格、數量進行檢查，還應由商檢局依法檢查設備質量，並出具檢驗報告。

2. 設備驗收程序

開箱檢查驗收的過程應制定詳細的程序並嚴格執行。驗收主要包括如下內容：

（1）檢查設備外包裝是否完好，在運輸過程中有否損壞。

（2）按裝箱單清點設備的零件、部件、工具、附件、備品、說明書和其他技術文件是否齊全，有無缺損。

（3）不需要安裝的備品、附件、專用工具等，應辦好移交，並妥善裝箱由專人保管。

（4）設備說明書和其他技術文件統一交給檔案管理員進行登記、編號，重要技術資料要進行複製，原件存檔。需要使用資料的部門或個人則要辦借用手續；進口設備若無中文說明，必須立即著手安排說明書的翻譯工作，以便及時獲得有關的資訊。

（5）設備開箱檢查時要對檢查的情況作詳細記錄。對破損、嚴重鏽蝕等情況，最好當場拍照或以圖示說明，作為向有關單位、部門交涉的依據，同時作為該設備的原始資料予以歸檔。

在一些飯店，驗收工作的管理並沒有引起足夠的重視，有些設備甚至不驗收，給設備的管理帶來很大的困難。必須認識到，驗收工作不僅僅針對設備的價格、質量，同樣重要的是有關資料、備件的收集和整理。

三、設備的安裝、調試、試運行

（一）設備的安裝

1. 飯店設備安裝的一般方法

設備安裝工作就是按照設備工藝平面布置圖及有關安裝技術要求，將已到貨並經開箱驗收的設備，安裝在規定的基礎上，達到安裝規範的技術要求，並透過調試、運轉，使之滿足生產工藝的要求。

設備的安裝任務，可以由飯店工程部承擔，也可以委託給專業安裝單位。在委託給專業安裝單位時，必須對安裝單位資格進行審查。對於重要設備，可以由設備生產廠或該廠指定的安裝單位進行安裝、調試。

2. 設備安裝的實施

設備安裝工作有以下具體內容：

（1）編制安裝工作計劃。設備安裝需制定安裝計劃，尤其是重要設備的安裝。安裝工作計劃的內容主要包括：安裝工作量、安裝人工需用量、安裝材料需用量、安裝費用預算、安裝技術要求、對有關部門的配合要求和安裝工作進度表等等。

（2）安裝前對設備的檢查。安裝前必須對設備進行技術狀態的檢查，檢查的內容主要有：

①檢查設備防鏽情況，清除油汙；

②核對設備基礎圖和實際位置尺寸是否相符；

③核對電氣線路圖和電源接線口的位置及有關參數是否與說明書相符；

④檢查後如發現設備有嚴重鏽蝕和破損，則要作出詳細記錄，最好拍照或以圖示說明，以備查詢，若在索賠期限內，可作為索賠的依據。

（3）安裝。固定的大型設備都要安裝在事先建好的基礎上。設備基礎對設備安裝質量、設備性能及性能的穩定性都有很大的影響。設備在基礎上定位後，必須進行找平。找平的目的是保持其水平、穩固，減少振動，避免變形，防止不合理的磨損，以延長設備壽命。設備在基礎上固定後，還要進行配電線路的連接和汽、水管道等的安裝。

（二）調試

任何設備在安裝完後，都必須進行調試，以確保能正常工作。調試工作包括：設備的全面清洗和檢查，零、部件間隙的調整、潤滑，試車。設備的調試也是對設備安裝質量的檢查。

（三）驗收和移交

設備安裝完畢，在調試合格、試車成功後，必須進行安裝工程的驗收。設備安裝驗收由設備管理部門及安裝單位組織工程技術人員及檢查部門、使用部門的有關人員參加，共同作出鑒定，填寫有關施工質量、精度檢驗、試車運轉記錄等書面文件。設備驗收合格後，正式移交給使用單位。移交時，除了將隨機附件、專用工具逐項清點驗收外，還應將安裝過程中形成的所有技術文件、圖紙同時交給設備檔案室簽收歸檔。

（四）試運行

設備的試運行一般可分為空轉試驗、負荷試驗、精度試驗等。試運行的目的是要檢驗設備安裝精度的保持性、設備的穩固可靠性以及傳動、操縱、控制等系統在運轉過程中狀態是否正常。

在設備試運行中必須做好各項檢驗工作的記錄，為後期的維護工作提供依據。

四、設備使用初期的管理

（一）設備使用初期管理的必要性

設備使用初期是指設備從安裝試運行到穩定運行這一段觀察時期（一般為 6 ～ 12 個月）。在設備的使用初期，零、部件處於磨合階段，使用人員還不十分瞭解設備的性能，操作不熟練，設備在設計、安裝、調試中也會存在一些問題，所以要加強設備這一時期的管理。透過管理可以使設備盡早進入穩定運行的狀態，滿足經營需要；可以發現設備設計與製造中的缺陷和問題，提出解決的辦法；可以進一步掌握設備的性能、運行規律和操作特點，以完善管理制度等。

（二）設備使用初期管理的主要內容

（1）在設備初期使用中進行調整、試運作，使其達到設計預期的功能要求。

（2）對設備使用初期的運轉變化進行觀察、記錄和分析處理。認真做好運行中的各項原始記錄，包括：實際開動臺時，使用範圍、條件，初期故障及早期故障記錄，零、部件損傷和失效記錄等。

（3）對典型故障和零、部件失效情況，以及設備在設計、製造或安裝上的缺陷進行研究，提出改進建議，並提出改善措施和對策。

（4）對使用初期的費用與效果進行經濟分析，並作出評價。

（5）對操作工人進行維護保養的技術培訓。

為了能更全面地掌握設備的構造、性能、特點，設備使用部門應儘量派員參加設備的前期管理工作。

▌第二節 設備使用管理

設備使用期限的長短，生產效率、工作精度的高低，固然取決於設備本身的結構和精度性能，但在很大程度上也取決於設備的使用和維護狀況。正確地使用設備，可以保持設備的良好技術狀態，防止發生非正常磨損和避免

突發故障，延長使用壽命，提高使用效率。精心維護設備起著對設備的「保健」作用，可以改善其技術狀態，延緩劣化進程，消除隱患於萌芽狀態，從而保障設備的安全運行。因此，對設備使用的管理非常重要，在管理中必須明確生產部門與使用人員對設備使用、維護的要求與責任，建立必要的規章制度，使各項措施得到貫徹執行，確保設備完好的技術狀態，為飯店的正常經營提供保障。

一、設備使用管理的目標和原則

（一）設備使用管理的目標

設備使用管理的目標是使設備處於完好的技術狀態。設備的技術狀態是指設備所具有的工作能力，包括：性能、精度、效率、安全、環保、能源消耗等所處的狀態及變化情況。飯店設備技術狀態是否良好，直接關係到飯店的服務質量和經濟效益。

1. 設備完好標準

設備完好的標準包括性能良好、運行正常、耗能正常三個方面。

（1）性能良好。性能良好是指動力設備（如鍋爐、冷凍機等）的功能達到原設計或規定的標準；運轉時無超溫、超壓現象；機電設備的性能穩定，能滿足飯店經營的需要。

（2）運行正常。運行正常包括設備零、部件齊全，安全防護裝置良好；磨損、腐蝕程度不超過規定的技術標準；控制系統、計量儀器、儀表和潤滑系統工作正常，安全可靠，設備運行正常。

（3）能耗正常。能耗正常是指設備在運行過程中，燃料、電能、潤滑油等消耗正常。無跑電、冒汽、漏油、滴水現象。設備外表清潔。

設備完好的具體標準，應就上述三方面內容作出具體的評價標準和定量要求。

2. 設備完好標準的評價

飯店設備的技術狀態完好程度由「設備完好率」指標進行考核，設備完好率的計算公式為：

$$主要設備完好率 = \frac{主要設備完好臺數}{主要設備總臺數} \times 100\%$$

完好設備臺數是指經檢查符合完好標準的設備，它包括備用、封存和在修的設備，但不包括未投入運行的設備。只要設備有一項主要內容或有兩項次要內容不符合設備完好標準則視為不完好。確定完好設備應逐臺檢查、清點，不得用抽查和估計的方法推算。

（二）設備使用管理的原則和要求

1. 設備使用管理的原則

設備使用的管理原則是「誰使用，誰負責」。飯店每一臺設備都要有明確的責任人。對公用設備，設備的責任人需要專門指定，而且要考慮每一班都有相應的責任人；獨立操作或使用的設備其操作者或使用者就是該設備的責任人。

2. 設備正確使用的基本條件

（1）充分發揮操作人員的積極性。設備是由員工操作和使用的，充分發揮他們的積極性是用好、管好設備的根本保證。因此，飯店應經常對員工進行愛護設備的宣傳教育，開展設備使用規程培訓，提高員工愛護設備的自覺性和責任心。

（2）合理配置設備。飯店應根據自己的檔次、客源市場的特點和要求，合理地配備各種類型的設備，使它們都能充分發揮效能。為了適應飯店產品品質、功能和數量的不斷變化，還要對設備及時進行調整，使設備能適應飯店發展的要求。

（3）配備合格的操作者。飯店應根據設備的技術要求和複雜程度，設置相應的工種，配備相應的操作者，並根據設備性能、精度、使用範圍和工作

條件安排相應的工作任務和工作負荷，確保生產的正常進行和操作人員的安全。當設備型號發生變化時，員工應能受到相關培訓，以滿足設備操作、使用的要求。

（4）為設備提供良好的運行環境。運行環境不但與設備運轉和使用期限有關，而且對操作者的情緒也有重大影響。為此，設備應得到良好的維護，包括安裝必要的防腐蝕、防潮、防塵、防震裝置，配備必要的測量、保險儀器裝置，還應有良好的照明和通風等。

（5）建立健全必要的規章制度。保證設備正確使用的規章制度包括：設備使用程序、設備操作維護規程、設備使用責任制、設備保養制度等（參見本書第五章）。

3. 設備使用前的準備工作

（1）技術資料的準備。技術資料準備包括設備操作維護規程、設備潤滑卡片、設備日常檢查和定期檢查卡片等。

（2）培訓。對操作者的培訓包括技術教育、安全教育和業務管理教育三方面內容。操作工人經教育、培訓後要經過理論和實際操作的考試，合格後方能獨立操作、使用設備。

（3）檢查。全面檢查設備的安裝、精度、性能，以及安全裝置、維護用儀器和工具。

4. 設備使用的基本要求

設備使用的基本要求是「三好、四會、五項紀律」，這是根據設備全員管理的思想提出的。

（1）「三好」。「三好」是針對部門設備管理的要求提出的。設備管理是全員參與的工作，各部門與工程部一樣，在設備管理中負有重要職責，要做到「三好」，即管好、用好、維護好設備。

①管好設備。管好設備是指每個部門必須管好本部門所使用的設備。部門管理者要明瞭本部門所有設備的使用、運行、維護等狀況，對設備使用、

維護過程實施監督、控制。部門應建立完善的設備基礎資料，對員工進行設備使用的培訓，對使用設備的狀況進行指導和檢查，並與工程部配合實施設備的計劃保養。設備責任人要對所有使用的設備負責。

②用好設備。用好設備是指所有的設備都能得到正確的使用，為了達到這一目標，部門需為每一臺設備建立相應的操作使用規程、維護保養規程，並建立使用交接班制度。

③維護好設備。維護好設備是指部門要建立設備維護的保養制度，定期開展維護保養工作，同時要加強對封存、租用、轉借、報廢等設備的動態管理。

上述工作需要列入部門日常管理工作中。部門設備管理應由部門經理負責，以利於管理工作的順利開展。

（2）「四會」。「四會」是針對員工設備管理提出的。設備的操作、使用人員的工作狀況直接關係到設備運行的狀況，所以，要求每一個設備操作、使用人員做到「四會」：會使用、會維護、會檢查、會排除故障。

①會使用。會使用是指每一個設備使用、操作人員應熟悉設備的用途和基本原理，學習掌握設備的操作規程，正確使用設備。

②會維護。會維護是指學習和執行設備維護規程，能對設備實施基本的維護保養工作。

③會檢查。會檢查要求員工瞭解自己所用設備的結構、性能。飯店主要設備的運行值班人員要瞭解設備易損零件的部位，熟悉設備日常點檢、完好率檢查的項目、標準和方法，並能按規定要求進行點檢。

④工程部及其他部門重要設備的運行值班人員，要瞭解所用設備的特點，能鑒別設備的正常與異常現象，熟悉拆裝方法，會做一般的調整和簡單故障的排除，自己解決不了的問題要及時報告，並協同維修人員進行檢修。

（3）操作者的「五項紀律」。紀律是管好、用好設備的保證。每一個操作人員都應嚴格執行「五項紀律」。五項紀律是指：

①實行定人定機、憑證操作制度，嚴格遵守安全技術操作規程。

②經常保持設備清潔，按規定加油。要做到沒完成潤滑工作不開車，沒完成清潔工作不下班。

③認真執行交接班制度，做好交接班記錄及運轉臺時記錄。

④管理好工具、附件，不能遺失、損壞。

⑤不準在設備運行時離開崗位。發現異常的聲音和故障應立即停車檢查。自己不能處理的應及時通知維修工人檢修。

二、設備使用的動態管理

設備使用的動態管理是指已投入使用的設備由於閒置封存、移裝調撥、借用租賃、報廢處理等情況引起設備資產變動時，需要處理而進行的管理。做好設備動態管理的重點是完備手續和制定工作程序。

（一）閒置設備的封存與處理

閒置設備是指已經安裝、驗收、投入運行，而當前不需啟用的設備。閒置設備分季節性閒置設備和棄用性閒置設備。

1. 季節性閒置設備的處理

季節性閒置設備是指在一定的時間內不用的設備，如飯店的中央空調系統的製冷系統等。由於過一時間段設備將繼續使用，所以在閒置期間，必須對其實施良好的保養和管理。在封存前，應對設備進行全面的清潔、維護；封存後注意設備的除塵、防鏽、防潮工作，嚴禁露天存放；在封存期間，要對設備進行定期檢查。封存設備的零部件和附件也要同時得到維護和保養，不得移作它用，以保證設備的完好。季節性封存設備的管理主要由使用部門承擔。

2. 棄用性閒置設備的處理

棄用性閒置設備往往是由於設備採購與使用要求不一致造成的。這部分設備需要及時處理，因為它不能為飯店創造新的價值，而且占據空間，占用

資金，還要支付維護保養費用，增加飯店的成本。這部分設備的處理方法可包括：調劑、轉讓、調撥等。

（二）設備的移裝、調撥和租賃

1. 設備移裝

設備的移裝是指設備在飯店內部的調動或者安裝位置的移動，包括部門間設備的借用。設備的移裝在飯店內經常發生，若沒有嚴格的管理，往往造成設備的遺失和非正常報廢。所以，設備的每一次移裝必須要有相關記錄並對帳面進行調整。

2. 設備調撥

設備的調撥是指飯店之間或飯店與飯店系統以外的企業之間的設備調撥。一部分飯店是企業法人投資的，屬於某一集團的子公司，所以經常出現設備調撥的情況。這類設備的調撥由於存在產權等問題，顯得比較混亂。從技術的角度，對其管理的方法應與設備的移裝相同。

3. 設備租賃

設備的租賃是充分發揮設備效益的一種方法，它可以是飯店向其他企業租賃，也可以是其他企業向飯店租賃。設備租賃時，應簽訂合約，除規定設備租賃的一般條件外，還必須說明設備使用狀況的要求，以確保設備的完好及其使用壽命。

第三節 設備維護保養管理

一、設備維護保養的作用和要求

（一）設備維護保養的作用

設備的維護保養是操作員工為了保持設備正常的技術狀態，延長設備使用壽命必須進行的日常工作，設備的維護保養是設備管理的重要內容。做好設備維護工作，可以減少設備故障，節約維修費用，降低經營成本，保證服務質量，為飯店帶來良好的經濟效益。

（二）設備維護保養的要求

1. 整齊

整齊是設備保養的基本要求，包括工具、工件、附件放置整齊；設備零、部件及安全防護裝置齊全；各種標牌完善、清晰；各種線路、管道完整等基本要求。設備整齊是提高設備管理效率的基礎，也是設備安全運行的基礎。

2. 清潔

汙染物、塵粒等是設備的磨損源，對設備進行清潔，去除設備表面的塵粒及其他的汙染物是設備保養中的一項重要工作。要求設備內外清潔，無鏽斑；各滑動面無油汙，無碰傷；各部位不漏油，不漏水，不漏氣。設備周圍場地要經常保持清潔，無積油，無積水，無雜物。

3. 潤滑

設備的良好潤滑可以保證設備的正常運轉，杜絕因設備潤滑不良而發生事故。同時，能減少磨損，延長設備使用壽命；減少摩擦阻力，降低能耗。設備潤滑工作要求操作人員熟悉設備潤滑圖表，按時、按質、按量加油和換油，保持油標醒目；油箱、油池和冷卻箱應保持清潔，無雜質；油壺、油孔、油杯、油嘴齊全，油路暢通。

4. 安全

設備運行安全是設備管理的一項重要工作，它不僅是設備管理的要求，也是飯店產品質量和聲譽的要求。設備安全要求遵守操作規程和安全技術規程，防止人身和設備事故。其中包括：電氣線路接地要可靠，絕緣性良好；限位開關、擋塊均應靈敏可靠；信號儀表要指示正確，表面要乾淨、清晰。

二、設備維護保養的內容及實施

（一）設備維護保養的內容

設備的維護保養分為日常維護保養和定期維護保養兩種，兩種工作都需要制定相應的要求和標準。

1. 日常維護保養

設備的日常維護保養是設備最基本的保養，又稱為例行保養。日常保養又分為每班保養和週末保養，分別在每班結束後或每週末實施。每班保養的主要工作是對設備進行清潔、潤滑和點檢。週末保養則要求對設備進行徹底清潔、擦拭和上油。日常維護保養工作一般由設備的使用、操作人員完成。

2. 定期維護保養

設備的定期維護保養是指由工程部編制設備維護保養計劃，由專業維修人員和操作人員一起實施的對設備的維護、修理工作。設備定期維護保養的間隔時間視設備的結構情況和運行狀況而定。

設備的定期維護保養根據保養工作的深度、廣度和工作量可分為一級保養和二級保養。一級保養簡稱「一保」。「一保」的工作內容包括對設備的全面清潔，溝通油路，調整配合間隙，緊固有關部位及對有關部位進行必要的檢查。「二保」的工作內容除了「一保」的內容外，還要對設備進行局部解體檢查，清洗換油，修復或更換磨損的零部件，排除異常情況和故障，恢復局部工作精度，檢查並修理電氣系統等。「二保」比「一保」的工作量更大，更全面。

（二）設備維護保養的實施

1. 定期維護保養計劃的制定

定期維護保養工作的關鍵是合理制定維護保養計劃並有效實施。設備維護保養計劃是設備維護保養的指導性文件，編制設備維護保養計劃是根據設備的實際技術狀況，貫徹「預防為主」的方針的重要技術措施。維護保養計劃應包括設備維護保養的類別、時間、工作量、材料、費用預算、停機時間等內容。正確地編制維護保養計劃，合理安排維護保養工作，可以為保養工作做好充分的準備，縮短停機時間，提高工作效率，降低維護費用。

（1）編制計劃的依據。計劃必須合理、可行才能確保設備維護保養工作的順利進行並使設備具有良好的運行狀態。編制維護保養計劃，應以下列資料作為依據：

①歷次設備一、二級保養和完工驗收記錄；

②歷次設備故障情況及修復記錄；

③歷次設備事故報告單；

④上一次設備大修理記錄及修理技術小結；

⑤設備的改進安裝記錄；

⑥設備預防性試驗記錄。

除了參考上述記錄進行分析以外，還應對設備實際技術狀態作詳細調查，並考慮飯店的經營狀況，使設備修理內容更切合實際，不影響飯店的經營。

（2）計劃的內容。計劃的內容會因各飯店的管理要求不同而不同，但計劃必須有下面四個方面的內容。

①設備維護保養週期結構。設備的修理週期結構是指設備在一個修理週期內，一保、二保、大修的次數及排列順序。設備修理週期的確定主要依據設備的技術狀態和供應商的要求。有些設備的運行與飯店經營季節有關，例如用於中央空調的製冷機，一般在氣溫高於 26℃的季節運行。因此，這些設備的維護計劃除了要考慮設備本身的技術狀態外，還應與它們的使用情況結合起來考慮，如製冷機的定期維護保養可以安排在不運行的期間進行。

②維修內容。設備的定期保養不論是一保、二保還是大修，必須規定詳細的工作內容，特別要注意參考日常維護保養中發現、記錄的異常情況。設備的大修更要詳細列出維修內容與具體維修項目。

③設備保養工作定額。設備維護保養工作定額包括工時定額、材料定額、費用定額和停歇天數定額等。設備保養工作定額是制定維護保養計劃，考核各項消耗及分析維護保養活動經濟效益的依據。

2. 維修計劃的實施

維修計劃的實施就是指按計劃的要求，完成對每一臺設備的維修保養任務。使用部門按規定的日期將設備停用，交付維修；維修人員按作業計劃進行維修，修理完工後，進行檢查和驗收。

（1）一保、二保計劃的實施。各部門按照工程部編制的月度保養計劃規定的日期，事先做好生產安排，停用要保修的設備，由操作人員協同維修人員做好一保、二保工作。

（2）大修理計劃的實施。由於設備大修理工作量大，停機時間長，技術要求高，維修費用大，所以更要事先周密考慮，認真準備，才能使大修理進行得有條不紊。大修理計劃的實施主要有四個環節：

①修理前的技術準備。修理前的技術準備首先是對要大修的設備進行全面的瞭解和檢查，包括：查閱該設備的技術檔案及有關資料，瞭解設備運行情況，檢查設備的技術狀態等。根據預勘檢查的內容，編制預勘明細表，提出修理方案，繪製受損零件的加工圖和部件裝配圖，編制設備修理工藝流程等。一般設備的大修，應由使用部門填寫「設備大修項目申請表」，工程部技術主管進行複查核實，由工程部提出意見交總經理審批。重要設備的大修還應由技術主管填寫「設備大修理任務書」。

②修理前的生產準備。設備修理前的生產準備就是根據預勘明細表和修理方案，制定修理作業程序，做好需更換的零部件、易損件、配件以及各種材料的準備。在這些準備工作完畢後，才可開工修理。

③大修理的施工。設備在大修實施期間，要加強組織協調工作，努力提高修理工作效率；嚴格按照大修工藝流程，採用先進的修理方法，保證修理質量；加強核算，降低修理成本。

④修理完工驗收。設備修理完工後，要進行調試、試車和質量驗收，填寫「設備大修理竣工驗收單」，經驗收合格，才能交付使用。此外，設備大修後，還應收集、整理有關材料消耗、勞動量消耗、停歇時間等的原始記錄和原始憑證，以便進行單項經濟活動分析，研究改進措施，為全面經濟活動分析提供依據。

▍第四節 設備維修管理

一、設備故障分析

設備或系統在使用中喪失或降低其規定功能，稱為故障。設備一旦發生故障，會直接影響產品的產量、質量和經濟效益。設備故障的產生，受多種因素的影響，如設計製造質量、安裝調試水平、使用環境條件、維護保養狀況、操作人員素質以及設備老化、腐蝕和磨損狀況等。設備故障發生的情況決定了設備維修的方式和要求。

（一）設備故障分類

設備的故障是多種多樣的，為分析故障產生的原因，首先需要對故障進行分類。

1. 按故障發生狀態分類

按故障發生的狀態分，設備故障可分為突發性故障和漸發性故障。

（1）突發性故障。突發性故障是各種不利因素及偶然的外界影響共同作用的結果，這種作用超出了設備所能承受的限度。飯店設備突發性故障的產生與設備使用的時間長短無關，往往是操作失誤、保養不當造成的。

（2）漸發性故障。漸發性故障又稱磨損故障，是由於零件磨損、老化、腐蝕的逐漸發展而產生的。主要特徵是設備使用的時間越長，發生的故障率越高。飯店大部分的機電設備的故障都屬這類故障。

2. 按故障結果分類

按設備故障的結果分類，可分為功能故障和參數故障。

（1）功能故障。功能故障是指設備不能繼續完成自己的功能，它常由設備的個別零、部件損壞或卡滯造成的。例如，鍋爐的鏈條爐排被卡住，無法繼續燃燒；油泵不能供油，使摩擦表面嚴重失油而磨損等。

（2）參數故障。參數故障是指設備的參數（特性）超出允許的極限值，使設備或系統的性能達不到應有的標準。這類故障雖然不妨礙設備或系統的

繼續運轉，但對現代化設備來說，參數故障具有特別重要的意義。因為現代化設備對輸出參數要求很高，使用有參數故障的設備可能造成嚴重的經濟損失。例如，飯店空調系統的冷、熱水管道內有水垢，它將極大降低熱傳導率，既耗費能量，又使空調效果降低，所以，參數故障是設備管理中要特別引起重視的問題。

（二）設備故障管理的實施

對於生產效率極高的現代設備而言，故障停機會帶來很大的損失。在飯店，減少故障停機不僅能減少維修所需的人力、物力、費用和時間，更重要的是可以保持生產均衡和較高的生產率，為飯店創造出更多的經濟效益。另一方面，設備或裝置的局部異常會影響全局，甚至會因局部的機械、電氣故障或泄漏導致重大事故的發生，汙染環境、破壞生態平衡，造成不可挽回的損失。

目前，大多數設備遠未達到無維修設計的程度，因而故障時有發生、維修工作量大。為了全面掌握設備狀態，做好設備維修，改善設備的可靠性，提高設備利用率，必須對設備的故障實行全過程管理。

設備故障全過程管理的內容包括：故障資訊的收集、儲存、統計、整理，故障分析，故障處理，計劃實施，處理效果評價及資訊回饋（包括在使用單位內部回饋及向設計、製造單位回饋）。

1. 故障資訊的收集

設備故障資訊可以用規定的表格進行收集，並作為故障資訊的原始記錄。在設備出現故障時，由操作工人填寫故障資訊收集單，交維修組排除故障。有的飯店沒有故障資訊收集單，而用現場維修記錄單記載故障修理情況。隨著設備現代化程度的提高，對故障資訊管理的要求也不斷提高，因此，故障資訊收集應有專人負責，做到全面、準確，為排除故障和可靠性研究提供依據。

故障資訊數據的收集必須要準確，影響資訊收集準確性的主要因素是人員因素和管理因素。操作人員、維修人員、電腦操作人員與故障管理人員的

技術水平、業務能力、工作態度等都將直接影響故障統計的準確性。在管理方面，故障記錄單的完善程度、故障管理工作制度和工作流程及考核指標的制定、人員的配置，也會影響資訊管理工作的成效。因此，必須結合飯店業務特點，重視故障資訊管理體系的建立和人員培訓，才能切實提高故障數據收集的準確性。

2. 故障資訊的儲存

開展設備故障動態管理以後，資訊數據統計與分析的工作量大幅增加。全靠人工填寫、運算、分析、整理，不僅工作效率很低，而且易出錯誤。採用電腦儲存故障資訊，開發設備故障管理系統軟體，便成為不可缺少的手段。軟體系統一般包括設備故障停工修理單據輸入模塊、隨機故障統計分析模塊、根據飯店生產特點建立的各時間段故障統計分析模塊、維修人員修理工時定額考核模塊、設備可利用率的分析模塊、可靠性研究模塊等。在開發故障管理軟體時，可以把故障管理看成是設備管理的一個子系統，並與其他子系統保持密切聯繫。當然，如果不能採用電腦管理，故障資訊的儲存應按照檔案管理的要求進行。

3. 故障資訊的統計

對設備故障資訊應進行統計，形成各類表單，為分析、處理故障，做好維修和設備的可靠性、維修性研究提供依據。

4. 故障機理分析

故障機理指誘發零件、部件及設備發生故障的物理、化學、電學和機械學的過程。故障機理分析是從故障現象入手，分析各種故障產生的原因和機理，找出故障隨時間變化的客觀規律，判斷故障對設備的影響，研究故障規律可以對設備故障進行預測、預防，從而控制和消除故障。

圖 4-1 反映了設備發生故障的因果關係。從圖中可以看到，設備發生故障主要由五大方面的原因引起，包括設備本身在設計和製造方面的問題、生產安排不合理、設備操作不當、維護不力或維修不到位以及設備備件存在的問題等。只要有一個方面出現問題，就會導致設備的故障。設備故障的原因應得到正確的分析，圖 4-1 也有助於全面分析故障發生的原因。

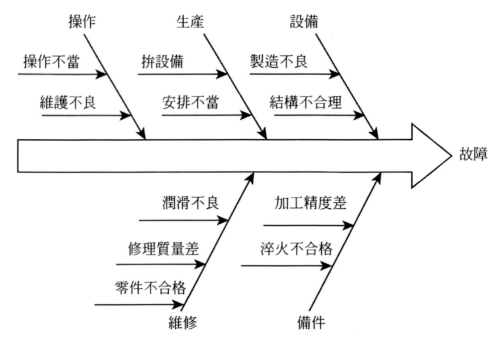

圖 4-1 故障因果示意圖

二、設備維修管理

設備維修是指當設備的技術狀態劣化或發生故障後，為了恢復其功能和精度而採取的更換或修復磨損、失效的零部件，並對整機或局部進行拆裝、調整的技術活動。所以，設備維修是使設備在一定時間內保持其規定功能和精度的重要手段。設備維修分成兩個階段：一是獲得需要維修的設備資訊，二是對需要維修的設備實施維修工作。

（一）設備維修資訊的獲得

設備維修資訊的獲得是設備維修管理的重要環節，飯店設備種類繁多、功能不一、利用狀況不同，而且分布在飯店的各個角落，因此，設備維修資訊的獲得是比較困難的，飯店需要建立設備維修資訊獲取的有效途徑。一般而言，根據發現設備故障的不同途徑，設備維修資訊的獲得主要有四種方式。

1. 報修

報修是指設備使用、操作人員發現設備故障後，透過填寫「設備報修單」或以電話、電腦資訊傳遞的方式將設備的故障狀況通知工程部，由工程部安排人員進行維修。

報修是設備管理中的重要環節，透過報修可以及時獲得設備狀態資訊，使設備及時得到維修，恢復原有的功能，確保經營活動的正常進行。同時報修記錄還是設備定期保養計劃制定的基礎和設備成本控制的基礎。

2. 巡檢

有許多設備設置在飯店的公共區域，發生故障時，不能及時被發現，這些設備的故障需要透過巡檢來發現。巡檢是指工程部人員根據既定的路線和檢查內容對設備逐一進行檢查，發現故障及時處理。

巡檢是飯店設備維修管理中必不可少的環節，它能夠發現設備運行中存在的潛在故障，消除設備隱患。

3. 計劃維修

計劃維修是一種以時間為基礎的預防性維修方法，它一般根據設備的磨損規律事先確定維修內容。在對設備實施計劃維修時，具體內容還將參考設備使用說明書、其他單位同類型設備的定期維修經驗以及本飯店設備使用特點來確定。

4. 預知性維修

預知性維修是一種以設備技術狀態為基礎的預防維修方式，是根據設備的日常點檢、定期檢查、狀態監測和診斷提供的資訊，經統計分析、處理，來判斷設備的劣化程度，並在故障發生前有計劃地進行針對性的維修。由於這種維修方法是對設備適時地、有針對性地進行維修，不但能保證設備經常處於完好狀態，而且能充分利用零件的壽命。

（二）設備維修的實施

1. 維修方式的確定

飯店設備的維修方式主要有三種：事後維修、預防維修、改善性維修。每種維修方式各有其適用的範圍。飯店根據設備的特點、使用條件，選擇最合適的維修方式。

（1）事後維修。事後維修是在飯店設備發生故障或性能下降到合格水平以下時採取的非計劃性維修方式，也就是設備壞了以後再進行修理。事後維修的主要優點是能充分利用零、部件的壽命，且修理次數較少。這種維修方式比較適用於利用率低、維修技術簡單、能及時提供備用件、實行預防維修不經濟的設備。如客房內的換氣扇、照明燈具等。

（2）預防維修。預防維修是根據預防為主的思想，在設備故障出現之前進行預防性的維護與修理。預防維修有兩種方式：定期維修和預知維修。

①定期維修。定期維修是按事先規定的計劃和相應的技術要求而進行的維修活動，是一種以時間為基礎的預防維修。它根據設備的磨損規律，事先確定修理的類別、週期結構、工藝流程、工作量、備件、材料等，形成修理計劃，修理工作按計劃實施。由於定期維修是根據事先制定的維修計劃進行的，因此這種維修也稱計劃維修。這種維修方式適用於設備劣化與設備使用累計時間有直接關係且已經掌握了磨損規律的設備。例如，蒸汽鍋爐、水泵、風機等。

②預知維修。預知維修是一種以設備技術狀態為基礎的預防維修方式。這種維修方式不規定維修的週期，而是根據設備的日常點檢、定期檢查、狀態監測和診斷提供的資訊經統計分析、處理來判斷設備的劣化程度，並在故障發生前有計劃地進行針對性的維修。由於它對設備修理時機掌握及時，不但能保證設備經常處於完好狀態，而且能充分利用零件的壽命，因此比定期維修更為合理。

（3）改善性維修。實踐證明，只按原設計結構和技術要求對設備進行維修，往往不能從根本上改善和提高設備性能。因此，在條件許可的情況下，應對設備進行改善性維修，以消除設備的先天性缺陷或頻發的故障，提高設備的可靠性和維修性。

2. 設備維修的實施

設備維修的實施可以有兩種形式：一種是當設備存在故障時，由飯店的維修人員自行修理；另一種是委託外修，由專業公司的維修人員在飯店內實施維修。

（1）自行修理。許多飯店在實施修理過程中都以自行修理為主。根據飯店員工的素質狀況實施自行修理的形式有兩種：一是由設備操作人員實施維修，另一種是由飯店維修組的維修人員實施維修，兩種方法各有利弊。由設備的操作人員實施維修，其專業性較強，維修比較及時，維修效果好，但由於能操作又能維修的人員很少，需要大量的培訓工作。由維修組人員實施維修雖然降低了對操作工的技術素質要求，但可能會增加員工數量。

（2）委託外修。委託外修是飯店設備修理的發展趨勢。目前，一部分專業性強、技術要求高的設備，如電梯等，已經在一些地區普遍實施委託外修。委託外修的實施要求有專業公司提供服務，這種維修方式的費用比自行維修低，維修水平高，飯店只要實施相應的合約管理及維修驗收即可，大大減少了飯店工程部的工作壓力和工作量。

第五節 設備的改造和更新

一、設備改造和更新的作用

（一）設備磨損的補償

隨著設備使用年限的增加，設備的有形磨損和無形磨損日益加劇，可靠性相對降低，導致維持費用上升，具體表現有以下規律：

1. 修理間隔期縮短

設備的維護、保養和修理雖能延長設備的使用壽命，但不能修復設備所有零件的全部物質磨損。由於設備的修復工藝與新設備製造工藝不同，大修後的設備一般不可能恢復設備出廠時的可靠性、耐用性和其他技術性能的全部指標，因此，設備的修理間隔期將一次比一次縮短。

2. 維持費用增加

由於每次修理後剩餘物質磨損的積累，加上大型複雜部件隨著使用期的延長，將陸續進入更換期，因此，設備故障增多，維修量加大。此外，設備的故障停機損失、能源消耗也將升高，維持費用與日俱增。

3. 設備性能和生產率降低

設備使用年限增加，其性能、效率就會逐漸下降，有時還影響安全和環保性能。設備的修理次數越多，對飯店經營的影響越大。

（二）適應飯店經營的需要

飯店設備具有較大比重的享受因素，如客房設備、餐廳設備和直接供客人消費的其他設備。這些設備投入使用，經過一定時間後，其使用價值雖然沒有受到破壞，但已經陳舊過時，會造成客人精神上的不愉快，影響飯店的等級和聲譽，不利於設備使用的經濟性。一般而言，飯店設備的更新週期比其他企業設備短。

綜上所述，設備用到一定時間以後，繼續進行大修理已無法補償它的綜合磨損，雖然經過修理後仍能維持運行，但已不經濟。解決這個問題的途徑就是進行設備的改造或更新。

二、設備改造和更新的原則

從廣義上講，設備的大修理、技術改造和設備的更換都稱為設備更新，但本節中只討論設備的技術改造和設備更換。

（一）設備的技術改造及其原則

所謂設備技術改造，就是應用新的技術成果、新的工藝流程和先進經驗，改變原有的設備結構，裝上或更換新部件、新附件、新裝置以補償設備的有形磨損和無形磨損；改變原來的工藝流程或結構，以改進原設計的不足或安裝中的缺陷。設備經過技術改造可以改善原設備的技術性能，增加設備的某些功能，提高可靠性，使之達到或局部達到新設備的技術水平，而支付的費用則低於購置新設備的費用。

設備的技術改造要遵循針對性、適應性、可能性和經濟性的原則。

1. 針對性

針對性指飯店要從實際出發，按照經營的需要，針對設備在飯店服務過程中的薄弱環節，結合設備在飯店經營過程中所處的地位及技術狀況，確定需要進行改造的設備和設施，並確定改造的方法。

2. 適應性

設備改造所採用的技術要先進但更要適用。由於科學技術的迅速發展，設備的技術性能相差很大，技術改造所採用的技術應適應飯店的實際需要，不要盲目追求高指標。

3. 可能性

制定設備（或系統）的改造方案時，採用的新技術、新工藝一定要有充分的把握。它必須經技術論證或實踐證明是可行的。

4. 經濟性

在確定設備設施改造時，要進行可行性分析，要綜合考慮投入的人力、物力、財力和改造後的效益，力求以較少的投入獲得較大的產出。

（二）設備的更新及其原則

1. 設備的更新

更新是用比較經濟而先進的設備，來替換技術上不能繼續使用或經濟上不宜繼續使用的設備。就實物形態而言，設備更新是用新的機器設備代替舊的機器設備；就價值形態而言，設備更新是機器設備在運轉中消耗掉的價值重新得到補償。進行設備更新的目的是提高飯店的現代化水平，以適應旅遊業發展的需要。進行更新時，既要考慮設備的物質壽命，更要考慮設備的經濟壽命和技術壽命。

2. 設備更新的原則

飯店在決定設備是否需要更新時，可從以下五方面考慮，凡符合下列情況之一的一般都應更新：

①經多次大修，技術性能達不到要求，無法保證飯店服務質量的；

②技術落後，經濟效果很差的；

③透過修理、改造雖能恢復性能但不經濟的；

④耗能大或環境汙染嚴重，進行改造又不經濟的；

⑤不能滿足飯店經營需要的。

三、設備改造和更新的工作程序

設備的改造和更新，是飯店設備管理的重要內容。飯店經營的年份越長，設備改造和更新的任務就越重。一般情況下，在重要設備的改造或更新時，都會在一定程度上影響飯店的正常經營，而且這類設備的改造、更新費用較大，所以要加強對設備改造、更新的管理。

（一）進行技術、經濟分析

對每一個列入改造、更新計劃的設備，都應進行技術、經濟的可行性分析。因為設備使用到最佳更新期以後不一定立即報廢，可以透過大修或技術改造來恢復設備的技術性能。如果大修或改造已不經濟，那麼就應更新；如果飯店的經營方針將改變或者整個飯店要改造，設備繼續使用的時間很短，就可以考慮不更新，甚至也不修理，用到報廢為止。因此，對於一臺已經到更新期的設備，有多種處理的方法，應透過技術、經濟分析來確定最佳的方案。

（二）實施設備改造更新

1. 編制設備技術改造任務書

確定了設備技術改造的項目後，必須編制設備技術改造任務書。其主要內容有：

①設備（系統）存在的主要問題，歷次發生故障的原因分析；

②設備（系統）技術改造的部位和改進的要求；

③設備（系統）改造所採用的新技術和改造後應達到的技術標準，以及採用新技術的可能性；

④設備（系統）改造費用的估算；

⑤設備（系統）改造的停運時間和完成改造計劃的期限。

若屬需要結合大修理進行技術改造的項目，也可納入大修理計劃。

2. 設備改造、更新的實施

設備改造、更新項目被批准後，由工程部組織實施。如技術改造任務重，技術複雜，可委託專業單位承擔。具體工作主要有：

①統籌考慮原材料、配套件的採購和某些特殊零、配件的加工。

②組織、協調有關部門協同完成改造、更新任務。

③設備改造、更新項目完成後，應辦理竣工驗收；驗收合格後，有關技術文件存檔；設備改造新增的價值應按規定辦理增值手續；更新的設備則轉入固定資產。

④設備改造、更新後的初期運行管理按照設備前期管理中的有關要求進行。

▋第六節 飯店設備管理的經濟評價

一、設備管理經濟評價的重要環節

設備壽命週期的每個環節都存在著兩種運動形態——物質運動形態和價值運動形態，所以應在這兩個方面同時開展管理工作，對任何一方的偏重或忽視都對設備管理不利。透過對部分飯店設備管理的現狀調查研究發現，以下三方面是設備經濟評價的重要環節。

（一）設備投資

許多飯店在進行設備投資之前沒有進行可行性分析或可行性分析缺乏有效性，直接降低了設備的經濟效益。一般而言，設備壽命週期費用的 90% 在投資時就已經被決定了，因此，設備投資時的經濟評價對設備綜合效益至關重要。對於設備的投資，飯店至少要作如下的經濟分析：設備投資的風險評價、投資的邊際收益分析、投資回收期的測算、最佳更新週期的確定以及設備投資的內部收益率的測算等。

（二）設備運行管理

設備的維持費用是在設備的運行中產生的，因此，加強對設施設備運行的經濟管理有利於降低成本，提高設備綜合效益。目前，有的飯店的管理者沒有意識到設備運行管理與飯店效益的關係，導致設備運行管理的不經濟。設備運行過程中的經濟評價主要是：設備能耗評估、維修成本分析等。

（三）設備報廢、更新

大修理由於費用大，工程量大，與設備運行的經濟效益密切相關，而報廢的及時性關係到設備殘值的回收及設備的更新問題，所以對設備報廢、更新的經濟評價是非常重要的。在設備的報廢、更新環節上，部分飯店實施的管理具有較大的隨意性，例如在設備的報廢、更新時，有的飯店僅憑管理者的主觀想像，而不是根據設備的性能、使用壽命和持續使用的經濟性等標準來評價；對報廢的設備有的飯店不能有效地處理，甚至有些飯店根本沒有相關的負責部門。

二、設備投資決策的經濟分析

傳統的設備管理追求的主要目標是「保持設備的正常運行」和「延長設備的壽命」，現代設備管理強調獲得最高的設備綜合效益和最經濟的設備壽命週期費用。所以在進行選購設備的決策時，應對設備進行經濟評價，並以此作為對諸方案進行選擇和決策的重要依據。

（一）設備經濟壽命的確定

經濟壽命與技術壽命有關。由於技術的進步，新型設備的出現會使在用設備在未到其經濟壽命期之前就需提前更新。另一方面，經濟壽命與物質壽命有關。有的設備的經濟壽命已經結束，但它的物質壽命還沒有結束，設備仍然可以使用。

如果設備在其經濟壽命屆滿以後還繼續使用，其維持費用必然大幅度上升，從而進入高成本運行階段。所以在對設備的經濟評價中，計算設備的經濟壽命是一個重要環節。

令 AC 為年度總費用，P 為購置費用，使用 t 年時設備的殘值為 Lt，Ci 代表第 i 年運行費用，Mi 代表第 i 年維修費用及相應的損失，設年利率為零，則使用 t 年的設備的年度總費用為：

$$AC_t = \frac{\left[(P - L_t) + \sum_{i=1}^{t} (C_i + M_i) \right]}{t}$$

設備的年度費用由資本恢復費用和年度使用費所組成。設備的資本恢復費用就是分攤到各年份去的設備成本費（它是由購置費和設備殘值所組成）。年度使用費用是由運行費用和維修費用及因停機而造成的損失所組成。

設備的殘值一般隨使用年份 t 的增大而迅速減小，並趨於某一定值。因此設備的資本恢復費用，即（P － Lt）／t 項，是隨使用年份 t 的增大而減小的。

設備的年度使用費用是隨著使用年份 t 的增長而不斷增加的。所以在設備的不同使用年限中，可以找到一個設備的年度總費用 AC 最小的使用年份，這個年份就是設備的經濟壽命。如果必要，還應考慮資金的時間價值，然後再確定設備的經濟壽命。

（二）設備壽命週期費用評估

根據設備壽命週期費用的定義，可得到以下公式：

Y1 ＝ K0 ＋ tυ

式中，Y1：設備壽命週期費用；

K0：設備原值；

t：設備使用年限；

υ：平均每年維持費。

在選購設備時，有些飯店只追求設備購置的較低價格，減少一次性投資，而沒有考慮維持費的高低。有些設備往往價格很低，但維持費很高，從設備壽命週期費用來看，不一定是經濟的。

（三）設備投資效益評價

為了加強對飯店設備資產投資的管理和控制，使投資接近預期效果，必須對該投資項目進行財務評價，即對其財務上的盈利情況進行分析評價，但這種分析評價是建立在飯店一定的銷售量基礎上的，而銷售量又受許多因素的影響，如果不對這些因素進行認真分析研究，就很難得出接近實際的財務計劃，從而導致對投資項目財務評價的結論發生偏頗。

以下的分析是在假設的財務計劃條件充分成立的前提下進行的。用於飯店設備資產投資經濟評價的指標主要包括投資回收期和投資利潤率。靜態指標不考慮貨幣的時間價值，直接按投資項目形成的現金流量進行計算。

1. 投資回收期

投資回收期（Return Period of Investment，縮寫為 RPI）是指以項目的淨現金流量抵償全部投資所需要的時間長度。其計算公式為：

$$投資回收期 = \frac{設備資產的投資總額}{每年淨現金流量}$$

現金流量是指一定時期內現金流動的數量。淨現金流量作為一項財務指標是飯店的現金流入量與現金流出量之差，其計算公式為：

年淨現金流量=（投資所增加的收入-投資所增加的費用-投資的折舊）x
（1-所得稅率）+折舊

從公式可以看出，淨現金流量也就等於稅後利潤加上摺舊，所以投資回收期公式也可以寫成：

$$投資回收期= \frac{設備資產投資總額}{該項投資每年可獲稅後利潤+每年提取的折舊費}$$

從以上公式可以看出，淨現金流量越大，投資回收期越短。如果投資回收期小於或等於可以接受的時期（據類似項目的經驗得出），那麼此項目從財務上就是可接受的。就飯店的投資回收期來講，一般為 6～7 年，因為這時恰好是飯店設備的更新期，如果這時投資還沒收回，勢必會影響投資收益。從國際上看，最短的投資回收期僅為 4 年左右。大批合資飯店，其合作期一般在 10 年至 20 年之間，如果投資回收期少於合作期的 2/3，便是有利可圖的。

從投資回收期的計算公式中不難發現，分母部分包括了折舊額。如果折舊額越大，那麼投資回收期就越短，從這個意義上說投資回收期在一定程度上考慮了投資的風險。投資回收期越短，說明其風險越小，投資的經濟效益越好。

運用投資回收期指標進行經濟評價，其優點在於計算簡單，反映問題比較直觀，能夠提供償還投資的大體概況；其缺點在於沒有考慮貨幣的時間價值。

2. 投資利潤率

投資利潤率是指年度利潤與投資額的比率，它反映每百元投資每年可創造的利潤額，其計算公式為：

$$投資利潤率 = \frac{銷售利潤}{投資總額} \times 100 \%$$

如果計算出來的利潤率高於現行市場資金利率，那麼此方案就是可行的。

（四）設備的收益性分析

對於直接產生經濟效益的設備，例如洗衣設備、廚房的食品加工設備等，可採用設備的收益性分析來進行經濟評價。所謂收益性分析，就是將設備一生中所得收益與設備壽命週期費用相比。設備在使用期內的總收益可用下式表示：

$Y2 = (\alpha F) \cdot t$

式中，$Y2$：設備總收益；

α：設備年利用率；

F：設備年最大輸出值；

t：使用年限。

則設備的收益率可用下式表示：

$$\eta = \frac{Y_2}{Y_1}$$

式中，η：設備的收益率；

$Y1$：設備壽命週期費用。

一般來說，設備收益率 $\eta > 1$，且 η 越大越好。

三、設備大修的經濟決策

（一）維修活動與維修費用的關係

飯店設備在一定技術、經濟條件下,增加維修活動的次數、深度和廣度,能夠減少由於性能劣化和故障停機所造成的損失,確保飯店正常經營,但卻相應增加維修費用。若減少維修活動的次數,雖然能節約維修費用,但卻增加了設備性能劣化和故障停機的損失,並會嚴重影響飯店聲譽。因此,必須權衡兩個方面的得與失,力求達到維修費用與劣化、停機損失之和接近最低,如圖 4-2 所示。維修活動的次數、進度、維修計劃、維修方式、方法等的確定,都應根據這一經濟原則來考慮。凡是超額維修或維修不足,從經濟角度來看都是不足取的。

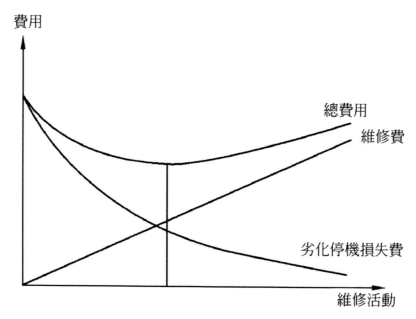

圖 4-2 維修活動與費用關係示意圖

(二) 設備維修的技術經濟指標

設備維修與管理的技術經濟指標體系,是設備管理效果的重要衡量標準。透過這些指標可考核設備維修工作的技術效果和經濟效果,從經濟維修的角度提高設備維修的綜合效益和飯店的經濟效益。設備維修管理的技術指標有設備完好率和設備故障率。設備維修管理的經濟指標有以下幾種:

1. 單位工程維修費用

單位工程（指每間客房、每個餐廳或每 100 平方公尺的建築面積等）維修工作與維修成果的關係，是反映維修消耗水平，促進維修與生產結合的一個指標，其計算方式如下：

$$單位工程維修費用 = \frac{維修費用總額}{工程總額}$$

2. 萬元營收維修費

有時為了更直接地反映飯店的維修效果並擴大可比性，往往用萬元營收的維修費用含量作為考核指標：

$$萬元營收維修費 = \frac{維修費用總額}{總營業收入（萬元）}$$

3. 維修費用率

維修費用率是同期飯店的全部維修費用占總營業費用的百分比率，是反映維修效率的一個經濟性指標：

$$維修費用率 = \frac{維修費用總額}{營業費用}$$

（三）設備大修的經濟評價

1. 大修理決策判斷依據

常用的設備大修理決策分析是由下述兩個判斷依據構成的。

（1）某次大修理費用不應超過購置同種新設備所需費用，否則該次大修理不具有經濟合理性，而應考慮設備更新。其具體判別式是：

Cr ≤ In － Lo

式中，Cr：該次大修理費用；

In：相同設備的重置費用；

Lo：擬修理設備現時的殘值。

判斷依據（1）是設備大修理經濟合理性的極限條件，而且其成立的前提是設備大修理後的生產技術特性與同種新設備沒有區別。然而事實上大修理後的設備綜合性能將存在低劣化（如圖 4-2 所示），當低劣化超過某一幅度時，判斷依據（1）將失去意義。

（2）設備經過某次大修理後的單位產品生產成本不能高於同種新設備的單位產品成本。否則，大修理不具有經濟合理性，其具體判別式是：

Czoj ／ Czn ≤ 1

式中，Czoj：經過第 j 次大修理後的設備生產單位產品的計算費用；

Czn：具有相同用途的新設備生產單位產品的計算費用。

2. 用互斥方案比較法進行大修經濟決策

如果設備所服務的產品或項目壽命有限時，特別適合用大修理與不修繼續使用這兩個互斥方案比較進行是否大修的經濟決策。

四、設備更新的經濟評價

（一）設備最佳更新期

一般來說，設備的經濟壽命就是設備的最佳更新期，設備最佳更新期可以用低劣化數值法求得。例如：某設備的原值為 K0，假設當使用到 n 年以後，餘值為零。則每年分攤的設備費用為 K0 ／ n。隨著使用年限 n 的增加，K0 平均分攤到每年的設備費用不斷減少。但是設備使用時間越長，設備的磨損越嚴重，設備的維護修理費及燃料、動力消耗費用的增加也越多，這就叫設備的低劣化（或稱綜合老化損失）。若這種低劣化每年以 λ 的數值增加，第 n 年的低劣化數值為 n·λ，n 年中平均低劣化數值為 n·λ ／ 2。設備每年的費用為以上兩項費用之和，得平均每年的設備費用總和為：

$$y = \frac{\lambda}{2}n + \frac{K_0}{n}$$

為求得使設備費用為最小的使用年限，取 $dy / dn = n$，將算式整理，得最佳更新年份為：

$$n = \sqrt{\frac{2K_0}{\lambda}}$$

式中，n：設備更新最佳期限（經濟壽命）；

K0：設備原值；

λ：每年低劣化增加值。

（二）設備總成本現值比較

設備使用到最佳更新期以後不一定立即報廢更換新設備，可以透過大修理或技術改造來恢復設備的技術性能。如果飯店的經營目標有變化，例如，飯店將在近期全部更新、改造，設備繼續使用的時間縮短了，那就可繼續使用。因此，對一臺到了更新期的設備有五種處理方案：

①舊設備原封不動地繼續使用；

②進行大修理；

③對舊設備進行技術改造；

④更換性能相同的新設備；

⑤更換先進的新設備。

設備總成本的現值比較法，就是將各種方案在同期內的設備使用費用總額的現值求出來，然後用設備輸出係數去除，得到各方案設備總成本的現值。經過比較，求值最小者，就是應該採取的最佳方案。

現將設備總成本的現值公式中所用的參數符號的含義列於表 4-1 中。

表 4-1 現值公式中的參數符號

符號　　方案 參數	舊設備留用	舊設備大修	舊設備改造	相同新設備	先進新設備
比較時的實際淨值（元）	L	L	L		
追加投資(大修、改造費)(元)		W_e	W_g		
設備原值(元)				P	P_x
初始投資(元)				P-L	$P_x - L$
	$K_0 = \dfrac{\theta_0}{\theta}$	$K_e = \dfrac{\theta_e}{\theta}$	$K_g = \dfrac{\theta_g}{\theta}$	1	$K_x = \dfrac{\theta_x}{\theta}$
年平均維持費(元)	E_0	E_e	E_g	E	E_x
設備總成本現值(元)	C_{on}	C_{en}	C_{gn}	C_n	C_{xn}

假設年利率為 i，使用年限 n，規定現值係數為 $\dfrac{(1+i)^n - 1}{i(1+i)^n}$，則各種設備總成本現值計算公式如下：

$$舊設備留用：C_{on} = \frac{1}{K_0} \cdot \frac{(1+i)^n - 1}{i\ (1+i)^n} E_0$$

$$舊設備大修：C_{en} = \frac{1}{K_e}\left[\ W_e + \frac{(1+i)^n - 1}{i\ (1+i)^n} E_e\ \right]$$

$$設備改造：C_{gn} = \frac{1}{K_g}\left[\ W_g + \frac{(1+i)^n - 1}{i\ (1+i)^n} E_g\ \right]$$

$$相同新設備：C_n = \ P-L + \frac{(1+i)^n - 1}{i\ (1+i)^n} E$$

$$先進新設備：C_{xn} = \frac{1}{K_x}\left[\ P_x - L + \frac{(1+i)^n - 1}{i\ (1+i)^n} E_x\ \right]$$

（三）設備更新方案比選的原則

設備更新是對在用設備的整體更換，即用新設備替代老設備。設備更新分為原型更新和新型更新。

某臺設備是否更新，何時更新，選用何種設備更新，既要考慮技術發展的需要，又要考慮經濟效益。故須對設備更新進行方案比較與優選。

設備更新方案比選的基本原理和評價方法與互斥性投資方案比選相同。但在實際比選中應遵循下面兩條具體的比較原則。

1. 沉沒成本不計

該原則是指在方案比選時，擬更新設備的價值按目前它的實際價值計算，而不管其原值或當前折舊餘額。

2. 逐年滾動比較

該原則是指在確定最佳更新時機時，應首先計算現有設備的剩餘經濟壽命和新設備的經濟壽命，並比較其年均成本，然後利用逐年滾動計算方法進行比較。

如果不遵循這兩條原則，方案比選結果或最佳更新時機的確定可能發生錯誤。

（四）設備更新時機決策的分析與方法

設備更新即便在經濟上是有利的，也未必應該立即更新。換言之，設備更新分析還包括更新時機選擇問題。現有的已用過一段時間的舊設備究竟在什麼時機更新最經濟的一般解法如圖 4-3 所示。

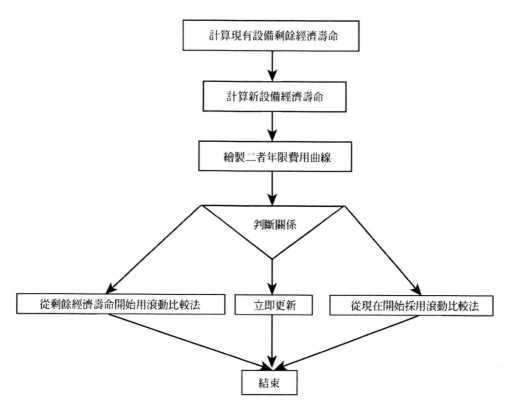

圖 4-3 設備更新決策流程示意圖

本章小結

設備管理的基本環節主要是前期管理、使用階段管理、維護保養、維修管理、改造更新。各環節的管理目標不僅是保持設備的完好，為飯店經營服務，更要關注設備管理的經濟效益，使設備獲得最佳的運行效益。

思考與練習

1. 設備在投資決策時要考慮哪些因素？各因素之間是如何相互影響的？

2. 設備使用管理的要求是什麼？選擇飯店的一個前場部門說明該部門在設備使用中應如何進行管理，以達到設備使用管理的要求。

3. 設備維護保養的要求是什麼？

4. 針對不同檔次、規模的飯店，客房維修可採用怎樣的形式？

第 5 章 飯店設備運行的保障體系

本章導讀

飯店設備的有效運行應有相應的管理體系保障。本章主要探討與設備正常運行所需的組織機構的設立、制度規範的制定、管理資料庫的建立等問題。透過本章的學習重點掌握飯店設備管理體系的構成，包括相應的組織體系、職責權限、制度要求、管理規範等。

▌第一節 飯店設備管理的組織

一、飯店設備管理的組織體系

建立合理的組織體系是有效實施設備綜合管理的保證，設備管理的組織體系沒有固定的模式，但它應能根據設備運行全過程綜合管理的要求，明確各級管理部門的職責、權限及其相互關係，使管理資訊暢通、分工明確、協調配合，以實現飯店設備管理的目標。飯店設備管理的組織體系包括飯店設備管理組織結構和工程部組織結構兩部分，該組織體系應適合飯店的內外環境，並適應飯店發展的需要。

（一）設備管理組織體系建立的原則

1. 與飯店產品特徵相適應

飯店設備數量多、分布廣、使用面積大，是飯店產品的重要組成部分，同時，又是飯店經營的保障，飯店設備管理組織體系要與這一特徵相適應：既要強調工程部的集中統一管理，按照計劃完成重要設備的維護保養與檢修，又要實施全員管理，做好設備的日常使用、維護工作。

2. 與設備的技術水平相適應

飯店由於星級、檔次和所在地區經濟發展水平，飯店配置的設備的技術先進程度是不同的。設備管理的組織體系應與配置設備的先進程度、複雜程

度，所在地區的市場成熟度相適應。設備簡單，對技術的要求相對較低，組織結構也相對簡單，反之，則對組織體系提出較高的要求。

3. 要與設備管理要求相適應

設備管理要求對設備的全過程進行管理，設備管理工作要改變過去計劃、採購與使用、維修脫節，只重修理不重改造更新，只重視技術管理不重視經濟管理的狀態。

企業財務管理自成體系，還不可能將有關設備資金的管理直接劃入設備管理部門，因此，在機構設置時應有明確的協調路線和協調部門，使設備管理部門瞭解資金的積累和使用情況，並參加資金使用的決策。另外，設備購置、維修、改造、更新的經濟評價和成本核算工作，設備使用的經濟效益分析，應體現在設備管理的組織體系中。

4. 要注意精幹與效能

基於飯店經營的特點，組織機構要精幹，人員素質要高，要求工程部員工一專多能，管理人員一位多職；既有分工，又要強調協作配合。要逐步實現社會專業化分工，能由社會承擔的維護檢修工作，儘量爭取外包。

（二）飯店設備管理組織機構的建立

飯店設備管理的主要職能部門是工程部，但飯店設備遍布各個部門，僅靠工程部是難以實現飯店的設備管理目標的，飯店需要設立相應的組織機構對設備管理工作進行統一、協調。常見的、比較傳統的機構模式，如圖 5-1 所示。

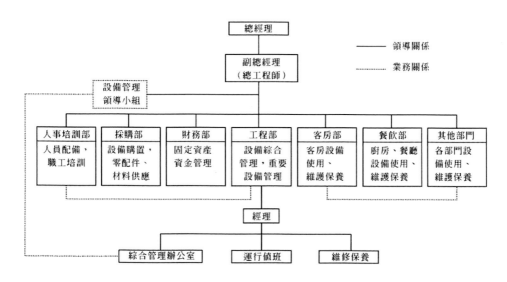

圖 5-1 飯店設備綜合管理系統示意圖

圖 5-1 這種管理模式是在總經理的統一領導下，成立以分管設備的副總經理為組長，工程部經理、財務部經理為副組長，其他有關部門經理參加的設備管理領導小組，負責本飯店設備管理工作。這種管理模式在管理學上屬於典型的矩陣結構。它的特點是根據任務的需求把各個部門、各類人員組織起來，因而加強了不同部門之間的配合和資訊交流，克服了飯店採用直線職能制結構帶來的各部門相互脫節的現象。但作為一種常設機構，這種模式的制約性不強，資訊溝通需要透過會議的形式實現，對提高管理效率不利。

二、工程部組織機構設置

（一）工程部機構設置的原則

工程部是飯店設備管理的主要職能部門，是飯店管理組織機構中的一個重要部門。它的職責主要表現在兩個方面：一是對飯店全部設備的維護保養，二是對設備運行的全過程實施監督。工程部組織機構的設置首先要明確工程部的職責，再根據工程部人員的技術素質來組織人員。

如果工程部管理層的技術素質較高，對管理、技術以及相關的經濟分析都可以勝任，則飯店可以在內部設立工程總監，全面實施設備管理工作，與其他部門的協調工作可由工程總監擔任。在工程總監下設工程師，以技術劃分，如可設置暖通工程師、電氣工程師、能源環境工程師等，工程師直接對

總監負責，提供技術、經濟、管理的支援。然後再按照工種劃分各班組，各班組設領班，負責工作的安排、實施、驗收及資訊回饋等工作。在以不同工種為單位的班組中，可不再區分運行人員和維修人員，因為對運行人員和維修人員作區分會增加人員的設置，而且增加管理工作，兩種職能的合併可以減少人員的使用及相互溝通的環節。隨著設備自動化程度的提高，運行人員可以逐漸減少，設備的運行由自動控制系統來承擔，並透過數據傳輸系統將數字傳輸到影印機進行記錄。

（二）工程部組織機構設置的一般模式

大多數飯店工程部的技術力量相對薄弱，設備管理工作需要其他專業部門的配合。配合工作需要有統一的機構來協調，如設置管理委員會等組織機構。如果在飯店設置設備管理委員會，協調飯店的設備管理工作，工程部則主要承擔設備的技術管理工作。在這種組織體制下，工程部比較常見的是分成兩大部分，第一部分負責設備運行值班，第二部分負責設備維修保養。這種機構設置方式，僅注重於設備的使用與維修。根據設備綜合管理的要求，工程部還必須承擔對設備運行全過程進行綜合管理的職責。因此，飯店工程部至少應包括運行值班、維護修理和綜合管理三大部分，如圖5-2所示。

1. 設備運行值班

設備運行值班是指動力、動能設備系統的運行操作和值班。運行值班的主要工作是保證設備的正常運行，做好設備的日常保養，巡迴檢查設備的運行情況，監視、記錄系統的運行狀態，處理一般設備故障。運行值班的班組主要有：

（1）配電間運行值班。主要職責是確保高、低配電設備安全運行，保障飯店營業所需要的正常供電。

（2）鍋爐房運行值班。主要職責是確保鍋爐安全、經濟運行，保障飯店營業所需的蒸汽供給。

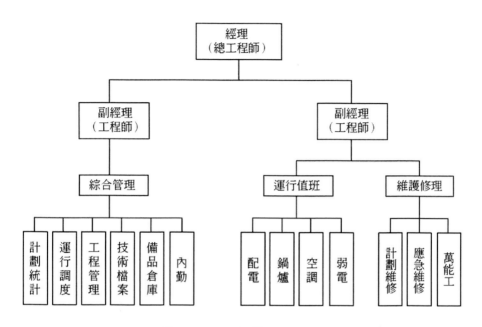

圖 5-2 工程部機構設置示意圖

（3）空調運行值班。主要職責是確保製冷機、水泵和風機的正常運行，保證飯店室內的空氣狀況符合規定的標準。

（4）弱電運行值班。包括電話總機房機務值班，視聽設備（電視、音響設備）機房值班，電腦主機房值班和消防、監控中心值班等。弱電運行值班的主要職責是確保飯店各弱電系統的正常運行，保證滿足客人的使用要求。

一般情況下，運行值班人員屬工程部管轄，但有的飯店將部分運行值班任務歸屬其他部門管轄，如消防設備的運行值班歸屬保安部。

2. 維護修理

設備只要投入運行，就會產生有形磨損，有形磨損量達到一定程度，就會發生故障，而維護修理正是對有形磨損的補償，從而減少故障，延長設備使用壽命。所以要保持飯店設備完好率，使其始終處於良好的運行狀態，對設備的維護修理是必不可少的工作。根據飯店設備的特點及各設備的性能，

設備維修可分為應急維修和計劃維修。無論哪種維修都是工程部維修組的職責。

維護修理任務實施方案的確定取決於飯店所處的市場環境、飯店維修員工的技術水平以及飯店設備自身的技術狀況。對重要設備，飯店一般可以採取三種維修方式，一是委託外修，二是成立專門的維修組進行修理，三是由運行值班人員完成維修工作。任何一種維修方式都有其利弊，飯店需要根據自身的狀況，找出比較優勢，實施維修作業。

飯店的生產性設備，如廚房設備、洗衣設備等，由飯店業務部門的員工操作、使用。如果操作、使用人員缺乏相應的培訓，不瞭解設備的結構、性能和原理，不重視設備的維護保養，就會帶來較高的設備故障率和損壞率。除了透過全員管理減少設備各種故障的發生外，工程部對這些設備的維修方法也是一個重要問題。這部分維修工作必須要保證及時、高質量，採取的維修形式應根據設備的價值和複雜程度以及對經營的影響而定。價值高、結構複雜的設備應採取定期維修的形式，由工程部維修組承擔或委託外修。一般的設備則在損壞後由工程部維修組自行修理。生產設備一般很少交使用人員自行維修。

客用設備是很特殊的一類設備，它由客人使用，而飯店又很難對設備的使用過程進行控制，為保證飯店產品的質量，只能透過事先的保養檢查和事後的維修來保障。為了確保客用設備的正常使用，比較理想的方式是實行萬能工制。實行萬能工制可以減少維修人員的工種，提高維修質量和工作效率。萬能工對客用設備的檢查週期可由飯店根據具體的要求而定。當存在萬能工不能解決的問題時，由萬能工提出維修要求，請專業人員進行維修。公共區域的設備設施也可以實施萬能工制。

3. 綜合管理

設備的正確操作和維護保養，僅僅是設備管理的一部分內容。而工程部的綜合管理辦公室將承擔以下管理職責：

①制定並不斷完善設備管理規章制度；

②提出設備更新、改造計劃；

③組織設備更新、改造計劃的實施；

④制定設備保養、維修計劃；

⑤做好能源管理和節能工作；

⑥做好設備檔案管理工作；

⑦做好對重要設備的技術管理；

⑧做好設備備品備件的計劃及管理；

⑨組織對設備管理的檢查。

在飯店組織機構設置中要特別注意客用設備設施、裝修的維護、修理工作。客用設備設施是飯店產品的重要組成部分，它的完好程度直接關係到飯店產品質量和形象。但許多飯店的工程人員對此沒有引起高度重視，對客用設備設施的保養維修只注重修，注重功能，不注重視覺效果，維修過的設備設施帶有明顯的維修痕跡，使飯店產品質量大打折扣。飯店客用設施的維修技術和維修質量應得到強化和提高。這一目標的實現需要有組織體制的保證。

（三）工程部組織機構設置的常見模式

工程部是飯店設備管理的主要職能部門，它的設置應根據飯店的規模和特點、設備的數量和複雜程度，飯店的經營方式、組織形式以及對設備管理工作的要求、內容等多方面因素進行綜合分析研究後確定。常見的工程組織機構有以下幾種模式。

1. 按專業設置

在這種模式下，工程部由總工程師或工程部經理統一領導，下設若干個專業作業組，如圖 5-3 所示。各專業組有自己的專業負責人或主管工程師負責本專業的設備管理和維修工作。

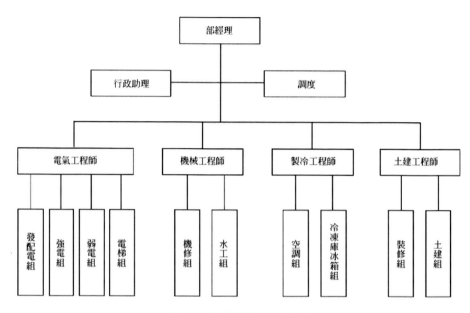

圖 5-3 按專業劃分的模式

　　這種模式的特點是專業技術力量集中，維修質量高，有利於對複雜程度高的設備進行維修，也有利於專業隊伍管理和技術水平的提高。缺點是一種設備常常需要兩個以上專業技術人員合作，因此人員配置必然增加，而且不同工種屬不同專業班組管理，相互之間的配合性和互補性較差。因此，採用這種模式必須強調專業之間的配合，在訂立崗位責任制時，要求分工明確。

　　2. 按設備分布區域設置

　　這是一種按設備的系統組成或部門分布形成的組織模式，如圖 5-4 所示。

　　在這種模式下，工程部由工程部經理對以系統和區域為界的設備主管人員實行指揮。這種模式的優點是在劃分出明確的區域和系統責任界限之後，容易使設備管理和維修的責任分明，便於實施檢查。在具體工作中也有利於不同專業工種之間的相互配合和相互學習，同時由於各個區域部門都有維修組，因此能及時滿足經營服務的需要。但此種模式會導致維修力量分散，不利於專業化水平的提高。

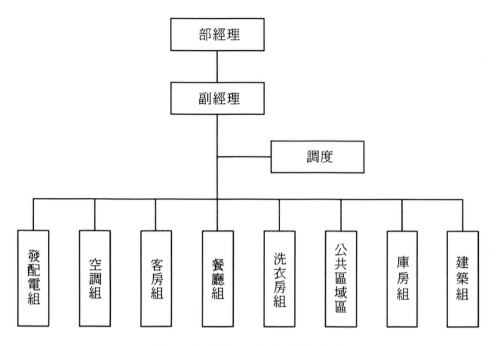

圖 5-4 按設備分布區域劃分的模式

3. 按能源的供應和使用設置

這種模式的特點是把變配電、鍋爐、製冷空調等能源供給設備視為一次設備，由動能技術組負責，確保飯店水、電、冷、熱、風等系統的正常供應。把飯店內提供生產和服務的設備，包括照明、音響、電視、電腦、電話、衛生、健身娛樂等設備集中為二次設備，由日常服務技術組負責。這種組織機構模式有利於飯店對能源供給加強管理，保證飯店核心設備的正常運轉。如圖 5-5 所示。

4. 按運行與維修分設的模式設置

這種模式將工程部的人員分為運行和維修兩部分，運行人員負責設備的運行，維修人員分別從事計劃維修和日常維修。這種模式分工明確，職責清楚，可以保障設備的良好運行並得到充分的維修保養。但這種模式使工程部人員數量增加，並對計劃、協調工作提出了較高的要求。如圖 5-6 所示。

三、設備管理崗位職責

（一）飯店領導對設備管理的主要職責

1. 總經理職責

①認真貫徹國家和上級機關制定的方針、政策，把設備管理列入主要議事日程，對本飯店設備管理的方針、目標作出決策，並督促檢查執行情況。

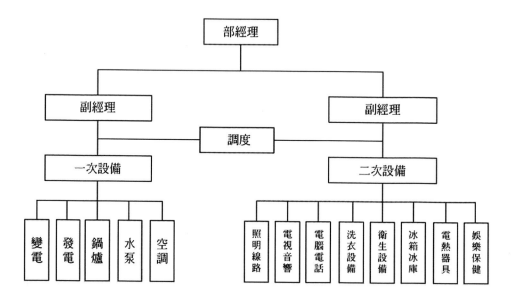

圖 5-5 用能與供能分設模式

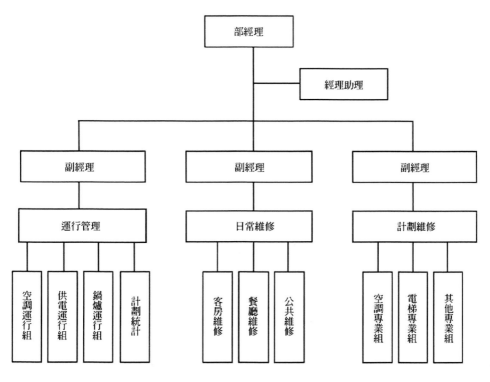

圖 5-6 運行管理與維修分設模式

②掌握設備概況，對本飯店設備的正確使用、維護、修理、改造和更新負有全面領導責任。

③對重大技術改造、重點設備更新和引進工程項目的可行性研究進行審查，並作出最後決策。

2. 分管副總經理（總工程師）職責

①組織飯店各部門貫徹執行上級與飯店對設備管理的各項規章制度。

②組織有關人員對設備管理、使用和維修情況進行檢查、考核，對飯店設備管理負有主要責任。

③審查飯店設備年度大修計劃及技改、更新項目，審批進口關鍵設備的維修零、部件的進口計劃。

④掌握飯店設備概況和各主要設備情況，注意設備的經濟運行，提高設備的綜合效益。

⑤瞭解國內外飯店硬體設施的發展方向，積累資訊資料，協助總經理籌劃飯店硬體設施改造和更新計劃。

（二）各部門經理職責

根據全員管理的要求，飯店各部門都在設備管理方面承擔一定的職責，主要職責可以參考以下內容。

1. 財務部經理職責

①負責飯店設備資產的管理，確定設備折舊年限，做好設備的計價、折舊計提工作，建立設備固定資產卡片和明細記錄表。

②與工程部及設備使用部門配合，共同做好重要設備的大修、技術改造和更新的經濟分析和可行性研究。

③協助工程部定期分析動力動能設備運行的經濟效益、飯店耗能情況及飯店設備維修費用率，積極尋找降低成本的各種途徑。

④積極籌措資金，保證工程設備用款計劃，使各項維修、改造、更新項目順利實施。

⑤每年組織有關部門對設備進行盤存，要做到帳、卡、物一一對應。

2. 人事部經理職責

①按規定的定員編制配備設備管理人員和技術人員，並保證配備人員的素質。

②有計劃、有步驟地對員工進行在職技術培訓及考核，負責組織並協同各部門對新員工及換崗員工進行上崗前的設備操作培訓。

③定期組織對工程部員工進行技術技能考核，把員工應知應會的成績作為晉級的考核條件之一，做好工程部員工的技術等級評定工作。

3. 質檢部主任職責

①負責檢查各部門設備管理員的配置、設備管理責任人的確定。

②負責檢查各部門設備卡片、明細記錄表的建立，設備操作規程、維護規程的制定和完善情況。

③定期組織各部門設備管理員對飯店設備管理情況進行檢查、評比，獎優罰劣。

④及時將各部門設備管理的情況回饋給分管副總經理及相關部門，不斷提高飯店設備管理水平。

4. 採購部經理職責

①按照各部門提出的設備購置申請單所列的型號、規格、數量，組織員工按期採購附有技術資料的合格產品。

②負責督促員工辦理訂購設備的支款、付款、報關、清關、繳稅、報銷等各項手續。

③對已到貨的設備設施，會同有關部門及時進行驗收（一般在一週內），對不符合質量要求的設備負責與供貨單位交涉退貨或調換。

5. 各業務部門經理職責

①認真貫徹執行飯店所制定的設備管理方針、制度和有關規定。

②負責管好、用好、維護好本部門的所有設備，對本部門設備的正常運行和完好狀態負主要責任。

③負責組織設立設備登記卡片，建立設備明細記錄表，掌握本部門設備配置及運行情況。指定本部門設備管理員。

④確定每臺設備的管理責任人，協助責任人制定設備的操作規程和維護規程。

⑤指導、督促員工正確使用和認真維護設備。

6. 設備管理員職責

①在部門經理的領導下，協助做好本部門的設備管理工作。

②負責整理、保管設備登記卡片和設備資產分類明細記錄，並負責設備登記卡片的增補、登錄和設備資產分類明細記錄的調整。

③負責辦理本部門設備購置、移置、調動、出借、報廢等手續。

④負責完善各設備的操作規程和維護規程，並檢查、督促員工按照規程進行操作和維護。

⑤對本部門設備管理、設備運行存在的問題及時向部門經理反映，出現設備故障或設備損壞時，及時主動與工程部聯繫。

⑥將計劃維修的設備情況，及時報告部門經理，提前做好生產安排，配合工程部進行計劃維修。

⑦協助人事部做好對員工設備管理的培訓。

⑧參加飯店質檢部組織的設備管理定期檢查、評比，不斷總結設備管理經驗，努力使本部門設備管理規範化。

7. 設備管理責任人職責

①熟悉所管設備的基本性能、特點、使用方法和維護保養要求。

②對設備及所安裝的場地的清潔衛生狀況負責，保證設備的清潔，以延長設備使用壽命。

③對設備的運轉狀況及完好程度負責，確保設備的安全、正常運行。

④發現設備異常或損壞，要及時報工程部維修，並及時查找原因和責任人。

⑤負責對待上崗員工進行設備使用、維護保養的培訓和指導。

⑥負責檢查、督促員工正確使用、維護保養設備，減少設備的人為損壞。

第二節 設備管理制度

設備管理制度是指飯店對設備的日常管理、運行操作、維護保養、維修改造等各項技術活動所制定的規則、章程、程序和辦法的總稱，是飯店全體員工在生產、操作和經營等項活動中共同遵守的規範和準則。

一、設備管理制度的制定

（一）制定制度的原則

1. 領導與群眾相結合的原則

制定設備管理制度既要體現集中領導，統一管理的要求，又要反映出群眾維護制度的願望。在制定制度時，飯店領導應提出具體要求，統一組織擬定，要堅持走群眾路線。制定管理制度的過程，就是領導與群眾相結合，反覆進行調查研究的過程。

2. 實事求是的原則

制定管理制度必須從設備的實際情況和飯店的具體條件出發，要肯定成功的經驗，總結失敗的教訓。既要反映設備運行的客觀規律，又要反映飯店現代化管理的客觀要求；既要有科學性，又須切實可行。

3. 提高工作效率和經濟效益的原則

制定管理制度必須有利於實行設備的綜合管理，有效運行，及時維修，確保設備完好率，以提高飯店服務質量和經濟效益。

4. 相對穩定原則

制定管理制度時，對各個方面都必須考慮周到，既要立足現實，又要看到發展，要避免朝令夕改，必須保持相對穩定。在新的管理制度沒有生效以前，原有的制度不可廢除，以免使管理陷入混亂狀態。

（二）制定制度的程序

　　制定設備管理制度的過程，是全面瞭解飯店設備基本情況的過程；是總結飯店管理經驗，學習兄弟單位先進方法的過程；同時也是探索飯店管理新方法，提高管理水平的過程。制定管理制度應按以下程序進行：

　　1. 調查研究

　　飯店設備數量大、分布廣、種類多；設備管理技術性強、涉及面廣、對飯店經營影響大。所以做好調查研究，是制定切實可行的管理制度的重要環節。為此，要做好以下幾方面的調查研究：

　　（1）廣泛收集資料。需收集的資料主要有：設備技術資料、飯店管理規章制度、兄弟單位有關規章制度。

　　（2）向從事實際工作的人員請教。工作在第一線的人員，對本部門、本專業的工作實情瞭解最深，特別是領班、主管以及部門經理，他們對應該怎麼做，為什麼要這樣做最有發言權。既要總結他們成功的經驗，又要吸取他們失敗的教訓。這樣制定出來的制度才有指導意義。

　　（3）認真學習黨和國家的方針、政策。在制定管理計劃時，還必須認真學習黨和國家的方針、政策、法律、法令和上級機關有關規定。飯店設備管理制度，涉及許多方面，並受多方面的政策約束。因此必須注意與各方面的政策相一致，防止互相矛盾，這樣，制定的制度才有權威性和約束力。

　　2. 起草

　　在擁有大量資料的基礎上，必須進行認真的分析研究，才能起草。因管理制度具有嚴肅的法規性質，所以，管理制度的各項條款務必明確、具體、準確，做到條理清楚、層次分明、前後連貫、文字簡練、措辭準確、通俗易懂。

　　3. 討論修改

　　草稿形成以後，要到有關職能部門和各班組徵求意見，斟詞酌句，縝密修改。

　　4. 會簽審定

　　在修改定稿後，經各有關部門會簽，再交飯店總經理審定。

5. 試行推廣

由總經理審定後的制度，先進行試行。對試行中暴露出來的問題，要認真總結，進行修改，然後推廣執行。

只有遵循上述基本程序，制定出的管理制度才能切合實際，具有權威性和群眾性，才能順利貫徹執行。

（三）管理制度的執行

完善的設備管理制度，是確保飯店設備正常運行的重要基礎，也是做好飯店設備管理的前提。但更重要的是付諸實施，嚴格執行。制度不執行，完整的制度也是一紙空文。所以，管理制度執行得好壞，直接關係到設備品質和員工素質的改善以及飯店經濟效益的提高。

為了確保管理制度的嚴格執行，必須堅持定期檢查和考核。檢查、考核工作要抓好三條：一是抓標準，標準是考核的依據，沒有標準就會好壞不分。二是抓考核辦法，考核辦法是否科學，關係到考核結果是否正確。三是在考核的基礎上獎罰要分明，該獎的必須獎，該罰的一定罰。只有做好檢查、考核、獎罰工作，才能保證管理制度的實施。

二、設備管理表格

為了使設備管理科學化、規範化，還應設計各種管理表格。在設備管理過程中使用表格進行管理，可簡單、明瞭地反映問題，大大提高工作效率。飯店設備管理表格根據管理要求主要可分為五類。

（一）工作程序類

工作程序類表格規定了進行某項工作的程序和要求，要完成該項工作，只要按表格上的程序進行即可。這類表格主要有：

①設備申購單；

②設備安裝移交驗收單；

③設備封存、啟用申請單；

④固定資產設備調撥審批表；

⑤設備移裝申請單；

⑥設備報廢申請單。

（二）設備靜態記錄統計類

設備靜態記錄統計類表格記錄設備的物質狀態，主要記錄的內容有：編號、名稱、型號、規格、數量、單價等。這類表格主要有：

①設備開箱驗收單；

②設備附件、工具明細表；

③設備明細記錄表；

④設備登記卡片；

⑤固定資產卡片；

⑥主要設備完好狀態統計表。

（三）工作計劃類

工作計劃類表格可使設備的管理工作按計劃有條不紊地進行。這類表格主要有：

①設備一、二級保養計劃；

②設備大、中修理計劃；

③設備更新改造計劃；

④備品備件計劃。

（四）設備技術狀態記錄類

設備技術狀態記錄類表格主要記錄設備的性能、精度以及運行過程中的各種技術狀態。這類表格主要有：

①設備精度檢驗記錄單；

②設備運轉試驗記錄單；

③設備事故報告；

④設備檢修記錄；

⑤電梯點檢表；

⑥鍋爐點檢表；

⑦配電設備點檢表；

⑧消防控制系統點檢表；

⑨空調設備點檢表；

⑩萬能工檢修項目表。

（五）報表

為了使各級管理部門全面掌握設備狀態、設備管理情況、工作進程等，各有關班組、部門要按規定上報有關報表，主要報表有：

①工程部重要設備運行日報表；

②工程部維修日報表、月報表；

③能耗日報表、月報表。

三、設備管理制度的結構框架

飯店設備管理制度由設備綜合管理制度和設備運行管理制度兩大部分組成。

設備綜合管理制度是從技術上、經濟上和組織上對設備一生的全過程各個環節的管理。這部分內容已在第四章中詳細討論了，本章不再贅述。

第二部分為設備運行管理制度。飯店設備從運行的要求和操作人員的角度可以分為兩大類：一類是由專業技術人員運行操作的設備，這部分設備主要是飯店的動力動能設備。另一部分則是由各生產服務部門的員工操作、使

用的設備，如廚房設備、洗衣設備、清潔設備等，本節主要討論上述兩類設備的運行管理制度。

由專業技術人員運行操作的動力動能設備通常按系統的特點，單獨設有專門的機房。如配電房、鍋爐房、空調機房、水泵房、電梯機房等。設備運行管理制度中相當大的部分就是動力設備運行管理制度。動力設備運行管理制度中又可分為機房管理制度和設備運行管理制度，如圖 5-7 所示。

四、設備機房管理制度

工程部機房的管理制度是對機房管理的共性問題作出的統一規定，主要制度有值班制度、安全管理制度、機房清潔衛生制度、潤滑制度等。

（一）值班制度

飯店各機房必須有專職技術工人值班，對設備的運行進行操作、監控、巡查。值班制度是一種把工作職責、內容和資格要求結合起來的制度，應既便於執行，又便於檢查。機房值班制度一般包括值班人員職責、資格和交接班等內容。

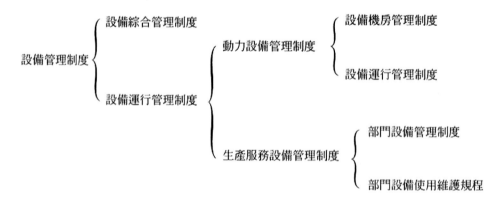

圖 5-7 設備管理制度結構圖

1. 值班人員職責

　　規定值班人員的職責是要明確每一位員工在當班時所擔任的任務和責任，歸納起來有以下幾方面的內容：

　　（1）查閱上一班設備運行記錄，瞭解上一班設備運行情況。

　　（2）對設備系統進行巡查。

　　（3）接班：

①聽取換班人員的介紹；

②查看交接班本的換班內容；

③巡查設備運行情況；

④在交接班本上的接班人處簽名。

　　（4）值班：

①對設備進行運行操作；

②對設備進行維護保養；

③做好設備清潔衛生工作；

④對設備系統進行巡迴檢查；

⑤做好設備運行記錄；

⑥完成上級交辦的其他任務。

　　（5）換班：

①在下班前做好換班記錄；

②向接班人員介紹本班運行情況。

2. 值班人員資格

　　飯店動力設備中的變電站、鍋爐、冷水機組、電梯等對值班操作人員都要求有一定的技術技能。為確保設備的安全運行，重要設備的值班操作人員應持證操作，即必須持有資格證書才能上崗。

3. 交接班制度

飯店的許多動力動能設備是連續不斷運行的，因此，要保持設備的連續正常運行，交接班就是一個非常重要的管理環節。換班者必須將本班的設備運行情況、運行中發生的問題、故障維修情況，以及其他需要特別注意的事項記錄在「交接班本」上，並要向接班者詳細說明。

接班者應仔細閱讀「交接班本」上所記錄的事項，認真聽取換班者的介紹，一定要明確上一班中發生的問題以及本班需要解決的問題。

交接班制度還應規定什麼情況下可以交接班，什麼情況下不能交接班，例如：設備設施運行正常，安全，自控系統靈敏可靠，運行記錄規範，工具、用具齊全等可以進行交接班。反之，設備運行不正常，正在處理故障，運行記錄不全，工具、用具不全，正式接班人員未到位等等就不能進行交接班。

例如，配電房可以制定如下的交接班制度要求：

（1）交接班制度是上值與下值之間交接運行情況時應共同執行的統一規定。值班人員應嚴格按本制度執行。

（2）接班人員應提前10分鐘到達崗位，做好接班前的準備工作。

（3）換班者應對高低配電室進行一次清掃，並積極主動地為接班者的工作提供便利，同時要求在運行日記中向接班者詳細說明下列內容：

①運行方式（包括高配、低配）及負荷情況；

②當值內的操作和設備運行變更情況；

③有關設備缺陷和需要引起注意的事項；

④當值內設備檢修和試驗情況，仍保留接地線情況；

⑤工作票使用情況；

⑥工具儀表及備用品的數量。

（4）接班人員在接班時應做到：

①仔細閱讀運行日記，詳細瞭解上班運行情況；

②瞭解各類設備缺陷及事故情況，並到現場查核；

③瞭解室內設備及進行檢修情況，並查閱工作票（高壓系統）；

④查閱各種記錄簿冊；

⑤根據表單記錄、系統模擬圖，瞭解設備的運行情況；

⑥核查工具、儀表、安全用具、消防設施、備品、鑰匙等是否齊全。

（5）交接班時，換班人員應將部門的生產指令和注意事項及有關通知告訴接班人員。

（6）交接班時，如遇到事故、故障或正在執行重要操作時，應暫停交接班，接班人員應主動協助處理。

（7）酗酒和精神不振者不得接班，換班者應向部門領導報告。

（8）接班者如發現換班者沒有做好準備工作，接班者有權拒絕接班，雙方未在運行日記上簽字前，換班者不得離開崗位。

（9）接班者確認無疑後，正式辦理交接班手續，由雙方在運行日記上簽名，如再出現設備故障，由接班者負全責。

（二）安全管理制度

安全是飯店實現經營管理目標的前提，而設備的安全運行更是確保飯店經營的基本條件。安全管理包括兩方面的內容：治安、消防安全和設備操作安全。設備安全操作規程包含在各機房設備運行管理制度中，安全管理制度重點闡明機房的治安和消防應遵循的規定。

1. 安全責任制

明確各級管理人員及值班人員的安全責任。

2. 安全生產培訓制度

機房安全必須堅持預防為主的原則，抓好對員工的安全教育。

3. 安全生產規範

安全生產規範包括嚴格控制無關人員進入機房，堅持來訪人員登記制度；認真進行安全設備設施的定期檢查；嚴格執行飯店保安部對安全管理的有關規定。

各機房要針對本設備系統的特點制定安全管理規定。

例如，飯店的鍋爐房可以制定如下的安全保衛制度：

①非崗位操作人員不得擅自進入鍋爐房，外來參觀、學習人員憑介紹信經部門經理簽字同意後方可進入，在進入時，應做好登記。

②當班人員應遵守運行操作規程和勞動紀律，不擅離崗位、不在崗位上睡覺或誤操作。

③鍋爐房內所有設施的閥門，非當班人員不得動用，無證司爐工、水化驗工不得獨立操作。

④發現重大隱患，應立即採取有效措施，並及時報告上級主管人員。

⑤保持鍋爐房照明充足，道路暢通，消防設施齊全完好。

⑥油庫及油泵房內禁止吸煙及明火，凡動火作業須填寫「動火申請單」，經同意後方可施工。

（三）巡檢制度

飯店動力動能設備具有系統性，是在設備系統內發揮特定功能的。一般各設備系統的重要設備相對集中安裝在機房內，一些輔助設備則安裝在機房外。組成系統的各臺設備的正常運行是設備系統正常運行的基礎。為此，機房的操作人員在值班期間，必須要定期對系統內各設備的運行情況進行檢查，以便能及時發現問題，排除隱患，確保系統正常運行。為了達到這一目的，飯店應制定機房巡檢制度，規定相應的內容。

1. 巡檢時間

規定巡檢間隔時間。

2. 巡檢內容

每個機房都要將應巡檢的部位、設備、內容製成巡檢表。值班員應按巡檢表的內容進行巡檢。在巡檢過程中發現問題,立即解決。對一時無法解決的問題,必須及時報告上級,研究解決措施,安排人力進行處理。

3. 巡檢記錄

每次巡查結束必須按巡檢表上的要求詳細做好記錄。

(四) 清潔衛生制度

保持機房的清潔衛生是消除磨損源,減弱外界磨損因素對設備的影響,延長設備壽命的有效措施。因此各機房必須保持清潔衛生,要做到地面無積水、無髒物,櫃、桌、門、窗無積灰;設備表面的金屬要顯出本色,油漆要露出光澤;所有物品、原材料堆放整齊。

例如,飯店的配電間可以制定如下清潔衛生制度:

(1) 要求每班在下班前半個小時對值班室清掃一次,並將清潔衛生工作列入交接班內容。

(2) 要求對高、低配電螢幕及電氣設備每半年清掃一次,要保持配電螢幕及電氣設備上無灰塵,清掃時必須有二人在場(其中一人監護),對帶電設備清掃不能用帶金屬頭的工具(如毛刷),以防電器短路及人員傷亡。

(3) 高配門前及變壓器門前的衛生必須每週 2～3 次由領班人員進行清掃,保持清潔。

(4) 變壓器及變壓器室內要求分管人員每月進行一次清掃,清掃時必須停電,驗明無電後清掃由二人進行。

(5) 領班在上、下班前應進行衛生檢查,發現問題,及時督促換班人員清掃,否則換班人員不得換班。

(6) 清潔衛生工作要求做到:地面清潔無髒物,配電螢幕及電器設備無積灰,金屬見本色,窗玻璃透明清潔,櫃、桌、門、窗等均無灰塵。

五、設備運行管理制度

設備運行管理制度是指飯店各機房的設備運行管理制度。不同機房的設備情況不同，因此，管理制度也各有特點，但是基本的要求是相似的，機房設備運行管理制度主要包括三方面內容。

（一）設備操作規程

設備操作規程是設備運行最基本的規程，內容有：

（1）啟動前的準備工作；

（2）啟動時的操作步驟；

（3）運行中的巡檢和操作；

（4）停機操作步驟；

（5）停機後的檢查。

（二）設備維護規程

設備的維護是對設備的「保養」，做好維護工作能延緩設備的劣化，減少設備的檢修停機時間，提高設備的運行效率，降低運行費用。設備維護規程應對每日維護保養及一、二級維護保養作出具體規定。

1. 每日維護保養

規定每天應對設備進行維護保養的工作內容，包括表面擦拭、除垢、除鏽，按規定進行潤滑。

2. 一級維護保養

一級維護保養指除日常維護保養外，要對設備進行內部清洗，溝通油路，調整配合，緊固有關緊固件以及對有關部位的檢查。

3. 二級維護保養

二級維護保養的內容除了一級維護保養的工作外，必要時，還要對設備進行局部解體檢查；清洗換油、修理或更換磨損件；排除異常情況和故障；恢復局部工作精度；檢查並修理電氣系統等。

（三）設備安全運行操作規程

做好設備安全運行，杜絕重大事故，保障員工生命安全和企業財產不受損失是設備管理的重要任務。因此各機房針對本系統設備的特點，要制定設備安全運行操作規程，作出相應的具體規定。

1. 安全生產責任

安全生產責任要立足於機房（班組），落實到員工，使安全生產建立在科學管理的體系上。要對每一級管理人員和操作人員規定安全生產責任。

2. 安全教育

凡新員工上崗前，必須透過安全教育和培訓，經過考試合格後方可上崗。特殊崗位人員必須持有資格證書。

3. 安全檢查

要制定安全檢查規範，規定日常安檢、定期安檢的檢查方法、檢查內容。安檢以自查為主，管理人員以抽查為主。檢查出的問題要及時處理。

4. 安全操作規程

各機房針對本系統設備的運行要求，編制安全操作規程，包括安全用火，防止漏油、漏氣引起爆炸，防止觸電、意外傷害，防止誤操作發生事故等有關規定。

例如，飯店製冷機房可以制定以下的安全操作規程：

①操作人員須按操作規程操作，要熟知各種安全操作事項，以避免誤操作引起對設備、機房及人身安全的危害。

②機組油箱內裝有油加熱器以及相應的恆溫控制器，油加熱器必須保持通電，以保持油箱內油溫處於 60℃ ～ 63℃範圍內。保證機組啟動前油中不

帶冷媒。切勿在油溫低於 57℃（135 ℉）時啟動機器；切勿使機組在低於冷媒水溫 4℃情況下運行；切勿隨意調節溫控器，否則會嚴重影響機器使用壽命。

③機組不易頻繁停、開機，經常性啟動、停機會損傷機器。當需要停機時，冷媒水泵不能隨機馬上停運，否則會使冷媒水在機內結冰，損壞蒸發器。

④在任何情況下，切勿用氧氣來吹洗管道或代替氮氣對機組充壓，以免氧氣與油、油脂及其他一般物質發生化學反應，危及機組及操作人員安全。

⑤充、排製冷劑時，工作場所必須有良好的通風，製冷劑與明火接觸後會形成有毒氣體，危害人體。

⑥在對機組進行維修時，應切斷電路電源，鎖上電源開關並掛上「正在維修」的告示牌，以免發生電氣傷人事故。

⑦切勿將未使用過的製冷劑儲液桶靠近明火或蒸汽，以免使桶內液劑受熱超壓爆炸，如果一定要加熱冷劑，只能用 43℃的溫水。

⑧對機組充液時，必須辨明製冷劑的種類，同時戴好防護用品，避免製冷劑液體濺到皮膚上或眼睛內。若製冷劑液體濺到皮膚上可用清水洗清，如濺入眼睛應立即用清水沖洗並去醫務室就診。

⑨非專業維修人員及操作人員不得隨意打開微處理機控制箱，不可盲目調節控制系統開關，以免造成人為故障。當故障發生，在不明原因的情況下，切勿開機。

⑩每年至少仔細檢查所有安全閥、安全爆破板以及其他安全裝置一次，清洗一次冷凝器和蒸發器。

六、生產、服務設備管理制度

生產、服務設備是指在各服務部門的設備，例如，餐飲部的廚房設備，客房部的洗衣設備、清潔設備，娛樂部的健身娛樂設備等等。以上這些設備都是由各部門的員工操作使用或由客人使用的。這些設備的管理力度一般都比較薄弱，許多設備設施往往會因使用不當或缺乏維護而故障頻繁。其主要

原因是各部門的管理人員缺乏設備管理知識。因此生產、服務部門對設備建立管理制度尤其重要。生產、服務設備管理制度的建立主要以各業務部門為單位，管理制度包括部門設備管理制度和設備使用規程。

（一）部門設備管理制度

部門設備管理制度應形成自身的一個體系結構，主要內容有：確定部門設備的管理機構和管轄範圍、各級管理層的崗位職責、設備管理員職責以及每一臺設備的責任人的職責。

1. 管理機構和管轄範圍

部門設備管理依照「誰使用、誰管理」的原則，首先要明確管理機構和管轄範圍。例如：客務部設備管理機構和管轄範圍可作如下安排：

大廳副理：掌握大廳氣氛、衛生狀況，控制大廳空調和照明情況；

總臺：負責對總服務臺設備、設施的使用與管理；

商務中心：負責商務層商務中心設備、設施的使用與管理；

禮賓組：負責行李車、飯店大門、自動門的使用與管理；

電話總機：負責話務設備、計費系統的使用與管理；

部門辦公室：負責辦公室設備設施的使用與管理。

2. 崗位職責

部門的各級管理層應明確在設備管理中的崗位職責。

例如，飯店客房部的各級管理層可制定以下的崗位職責：

（1）客房部經理崗位職責

①對本部門的客房樓層設備、洗衣房設備和清潔設備的管理負有領導職責。

②根據本部門的實際情況，設立設備管理員，定期與設備管理員商討本部門設備管理工作。

③要確保客房設備設施的完好，組織制定客房衛生工作程序及設備設施的保養規程，努力提高客房設備的完好率。

④組織制定洗衣房設備的管理制度，要求員工嚴格按操作規程操作洗衣設備。

⑤與工程部配合，做好計劃保養、維修設備的工作，及時安排好生產，確保計劃維修的順利進行。

⑥組織制定清潔設備的管理制度，要求員工認真學習硬地面和地毯的清潔保養方法。

⑦指導各主管、領班認真貫徹「設備管理專人負責制度」，落實設備責任人。

⑧負責組織制定設備管理檢查標準，並堅持對各部門設備管理的定期巡視和定期檢查，獎優罰劣。

⑨負責處理客人對客房一般設備設施損壞的經濟賠償工作；積極配合有關部門對重大損壞事件的經濟賠償工作。

（2）客房樓層主管崗位職責

①在客房部經理領導下，對客房樓層公用設施，清潔、服務設備及客房設備設施的完好負直接管理責任。

②掌握所屬部門各重要設備的性能特點、操作規程、使用方法和管理要點。

③負責貫徹落實客房樓層設備管理的規章制度，並積極提出修改、完善的意見和建議。

④負責落實「設備管理專人負責制度」，確定每臺設備的管理責任人。

⑤督促、幫助員工熟悉所使用設備的性能、特點，掌握設備的操作規程和維護要求。

⑥指導員工做好客房設備設施的清潔工作和維護保養工作。

⑦配合工程部做好對設備設施的定期維護和計劃維修。

⑧協助經理制定員工培訓計劃，不斷提高員工正確使用和維護設備的能力。

(3) 客房樓層領班崗位職責

①對本樓層所管轄的設備設施的完好和正常運行負責。

②掌握清潔、服務設備的性能特點、使用方法、維護要求，並會檢查、排除一般故障。

③督促、指導員工嚴格按規程操作、維護設備。

④負責對新調入的員工進行設備使用、維護的指導和培訓。

⑤對新購置的設備要盡快掌握使用方法和維護要求，配合主管對員工進行使用和維護的培訓。

⑥對設備的損壞，必須查明原因，並提出改進措施；人為造成的損壞，應按經濟賠償條例執行。

⑦要指導員工加強對客房設備的維護保養，努力提高客房設備的完好率。

(4) 客房中心領班崗位職責

①對會議中心及客房中心所有設備設施的完好負責。

②掌握所屬部門服務設備的性能特點、使用方法、維護要求，並會檢查、排除設備的一般故障。

③督促、指導員工嚴格按規程操作、維護客房中心和會議中心的設備。

④負責對新調入的員工進行設備使用和維護的指導。

⑤對新購置的設備盡快掌握其性能、使用方法和維護方法，並配合主管對員工進行使用和維護的培訓。

⑥本班所管轄的設備如有損壞，必須查明原因，並提出設備管理的改進措施，人為造成的損壞應及時報告部門或樓面領班進行處理。

⑦主動配合工程部對設備進行定期維護和計劃維修。

（5）洗衣房主管崗位職責

①洗衣房主管在管家部經理的領導下對洗衣房設備負有直接管理的職責，對洗衣房設備的正常運行和完好負責。

②掌握洗衣房設備的性能特點、操作規程、使用方法和管理要點。

③負責貫徹執行洗衣房設備管理制度並積極提出修改、完善的建議和意見。

④負責落實「設備管理專人負責制度」，確定每臺設備的責任人。

⑤督促、幫助員工熟悉所管理設備的性能特點，掌握設備的操作規程和維護要求。

⑥指導員工制定各設備的操作規程、維護規程和設備管理責任人職責。

⑦配合工程部對設備進行定期維護保養和計劃維修。

⑧協助經理制定洗衣房員工的培訓計劃，不斷提高員工正確使用和維護設備的能力。

（6）洗衣房領班崗位職責

①掌握洗衣房設備的性能特點、操作規程、使用方法和管理要點。

②每天上班後應對各臺洗、燙設備進行檢查，在確認設備完好的情況下，方可開機運行。

③督促、指導員工嚴格按操作規程操作設備，並注意安全生產。

④負責對新調入的員工進行設備使用和維護的指導。

⑤要特別注意按設備洗滌容量標準洗滌，督促員工不得讓設備超量洗滌。

⑥要加強員工對設備的維護意識，每天下班前必須嚴格按規程進行維護保養。

⑦配合工程部做好定期保養和計劃維修。

（7）PA 組主管崗位職責

① PA 組主管在管家部經理的領導下對 PA 組所有清潔設備的完好運行負有直接管理職責。

②掌握所有清潔設備的性能特點、操作規程、使用方法和管理要求。

③指導員工熟練使用清潔設備，正確維護清潔設備，努力延長設備的使用壽命。

④掌握硬地面的清潔方法和維護保養要求。

⑤熟悉各種不同地毯的性能，掌握地毯各種汙染的清洗方法。

⑥制定設備操作規程和維護規程，要求員工嚴格按規程進行操作和維護。

⑦負責落實「設備管理專人負責制度」，確定每臺設備的責任人。

⑧負責制定飯店內外各部門地面、牆面、頂面的清潔保養計劃。

⑨制定設備操作維護培訓計劃，並督促實施。

（8）PA 組領班崗位職責

①對所使用的設備完好情況負責。

②熟練掌握所使用設備的操作規程和維護規程，在使用中嚴格遵守操作、維護規程。

③掌握硬地面的清潔、維護規程，指導、督促員工認真按規定的規程清潔、維護地面。

④掌握不同地毯不同汙染的清潔洗滌方法，指導、督促員工針對不同的情況，運用不同的方法清洗地毯。

⑤根據 PA 組的清潔保養計劃，合理安排工作，並堅持執行巡視制度，及時解決問題。

⑥負責對新員工進行設備使用和清潔保養的指導和培訓。

⑦對新購置的設備要盡快掌握使用方法和維護要求，並協助主管制定設備的操作規程和維護規程。

⑧對清潔設備要會檢查、會排除一般故障，對本組解決不了的問題，應及時報工程部檢修。杜絕設備帶病運行。

⑨對設備的損壞要追查責任，提出處理意見和預防措施。

⑩安排員工登高作業時，必須確保安全。

（9）花工組領班崗位職責

①負責飯店園林的綠化工作。

②掌握各種園林機械設備和園林工具的使用方法和維護要求。

③督促、指導員工正確使用和維護園林機械設備和園林工具。

（10）美容室領班崗位職責

①對美容室所有設備設施的正常運行負責，確保設備設施的完好。

②熟練掌握各設備的正確使用和維護，督促、指導員工嚴格按規程操作和維護設備。

③督促員工嚴格按規程對設備設施進行清潔和消毒工作。

④負責對新調入的員工進行設備使用、維護的指導和培訓。

⑤設備損壞，必須查明原因，提出預防措施。

3. 設備專人負責制

部門所有的設備都應落實到相關責任人，並且要明確設備管理責任人的具體職責。例如，設備專人負責制可作如下規定：

①每臺設備管理的責任人要熟悉所管設備的基本性能、特點、使用方法和維護保養要求。

②對設備及所安裝場地的清潔衛生狀況負責，保證設備的清潔，以延長設備使用壽命。

③對設備的運轉狀況及完好程度負責，確保設備安全、正常運行。

④發現設備異常或損壞，要及時報工程部維修，並及時查找原因和責任人。

⑤負責對新上崗員工進行設備使用、維護保養的培訓和指導。

⑥負責檢查、督促員工正確使用、維護保養設備，減少設備的人為損壞。

七、設備使用維護規程

各業務部門的員工在上崗前對所使用的各種設備一般是不熟悉的。要充分發揮設備的功能，減少設備故障，延長設備的使用壽命，就必須使每一位員工能正確使用和精心維護設備。因此各部門對本部門所使用的設備都要分別制定使用和維護規程，並要使所有使用該設備的員工都能正確使用和操作設備，都能按規定的要求維護設備。

以吸塵器管理制度為例其維護規程如下：

（1）使用前的檢查

①檢查吸塵器外部是否完好，有無破損。

②檢查電源插頭是否完好，電線有無破損。

③檢查開關是否靈活，接觸是否良好。

④檢查吸入軟管有無破裂變形，吸塵器內有無異物。

（2）使用規程

①先查看吸塵器上開關是否處於關閉位置。

②將電源插頭插入就近插座，同時檢查插座是否完好。

③將吸塵器上開關打開，檢查吸塵器運行是否正常。

④吸塵器運行正常即可進行吸塵。

⑤吸塵器不得吸水、黏性物質和硬物。

⑥吸塵器移動時，應用手提吸塵器機身移動，不得拉著電線和軟管拖動。

⑦不吸塵時，應隨手將開關關上；如連續運轉，必須每小時停用 10 分鐘後再使用。

⑧嚴禁在客房內取電使用吸塵器。

（3）停用時的操作

①關上吸塵器上的電源開關。

②手持插頭，拔下電源插頭，繞好電線。

③每天上午最後使用者和下午最後使用者用畢後負責清灰。

④清潔外部，物歸原處。

（4）維護規程

①每班吸塵後，應將上蓋打開，取出網罩和濾芯進行除灰清理。必要時可用另一臺吸塵器吸去網罩和濾芯上的塵埃。

②網罩和濾芯清理後，仔細裝回機體內，關好上蓋。

③用乾布將吸塵器表面擦拭乾淨。

④全面檢查吸塵器各部分是否完好。

⑤每月將吸塵器送交工程部，檢查電機工作情況並測量絕緣。

（5）安全操作規程

①發現電源線有破損、接線頭鬆脫、插座損壞都不得使用，必須修復後才能使用。

②當吸塵器運行時發出異常聲音時，應停用檢查，排除故障後才能繼續使用。

③當吸塵器機體溫度超過 50℃時，應暫停使用，待溫度下降後再繼續使用。

（6）管理責任人職責

①掌握吸塵器基本性能特點和結構特點，會檢查、會排除一般故障。

②上班後負責檢查吸塵器各部分完好情況。

③指導、督促使用人員按操作規程操作，做好保養工作。

④在使用過程中發現問題，及時協助解決，防止吸塵器帶病運行。

⑤下班前必須對吸塵器進行全面檢查，發現問題，應查明原因，如機器損壞，要追究使用者責任。

⑥如吸塵器損壞，而找不到原因，則由管理責任人本人承擔責任。

第三節 設備管理資料庫建設

有效進行設備管理需要建立完善的設備管理資料庫，設備管理資料庫是飯店設備管理的基礎。

一、設備基礎資料的建立和管理

（一）設備基礎資料的建立

1. 設備基礎資料建立的方法

無論是新開飯店還是運行中的飯店，都要建立設備的基礎資料，這是設備管理的基礎。基礎資料的建立可以遵循以下步驟：

①對設備進行登記，核對設備銘牌，確認飯店所有設備的狀態；

②收集設備的說明書、操作手冊等由供應商提供的技術資料；

③對設備進行編號，並形成飯店設備目錄清單；

④建立設備系統明細記錄表、使用明細記錄表、固定資產明細記錄表；

⑤建立反映設備價值和物質運動形態的卡片；

⑥收集各設備系統資料；

⑦收集飯店的基建檔案；

⑧對所有的資料進行整理、編號和歸檔。

2. 設備基礎資料建立的途徑

設備管理的數據透過以下兩種途徑得到：

（1）設備的基礎資料，如設備銘牌的內容、設備的操作手冊等。

（2）設備運行中形成的數據，如設備運行記錄、維護記錄等。

（二）設備基礎資料的內容

1. 設備銘牌

設備銘牌是設備上的標牌，是設備最基本的技術資料，它直接向使用者展示設備的基本參數和資訊。設備銘牌應得到良好的維護，對設備銘牌上的資料需要進行登記。

2. 設備的基本資料庫

無論是新開飯店還是老飯店，要建立設備的基本資料庫都要進行飯店設備的全面登記普查，透過普查達到三個目的：瞭解設備的使用狀況和基本參數，核對實物與帳面的一致性。設備普查登記，需專門安排人員在統一的時間內進行，透過設備登記表來反映最終的結果，設備登記表如表 5-1 所示。

統一的時間在設備普查過程中是非常重要的，如果可能，應安排人員在同一時間進入各個場點清查設備，否則，會因為設備的移動造成登記的失誤。瞭解設備的使用狀況是指設備在用、封存、移裝、轉借、租賃、報廢等情況下，不同的狀況，不同的管理方法。瞭解設備基本參數可以透過查看設備銘牌來瞭解，而核對實物與帳面的一致性則是瞭解固定資產帳目是否與實際相符。

雖然設備銘牌一般反映設備的最基本資料，但是要建立設備的基本資料庫僅靠設備銘牌提供的資訊是遠遠不夠的，還需要透過收集供應商提供的操作、運行手冊來獲得有關的資訊。

供應商提供的資訊包括：

①設備設計說明書；

②設備採購申請報告、批覆件；

③設備採購合約、聯繫函件、協議書；

④供應商資料；

⑤設備隨箱文件資料，包括：裝箱單、產品合格證、說明書、照片、圖紙、安裝圖、備件圖、備件清單等。

3. 設備編號

在瞭解了所有設備的狀態後，需要進行設備編號。設備編號是設備基礎資料的一個重要內容，也是實現設備資訊化管理的基礎。設備分類編號的方法很多，根據飯店設備的狀況和管理要求，可以採用按照設備性能、用途分類編號的方法。這種方法根據設備的性能、用途，將所有的設備分為若干大類，每一大類又分為若干分類，每一分類再分為若干組。每大類、每分類、每組分別用 0 ～ 9 的數字代號表示，並依次排列。這樣，每一種設備就可以用三個數字來表示。透過對飯店設備的調查和整理，可以得到飯店設備分類編號目錄。表 5-2 所示的是設備分類編號目錄。

設備分類編號目錄給出了各種設備的一個統一的編號，它是設備的一個基本編號，是設備管理的基礎資訊。設備的編號還需要其他的內容來補充，這些內容包括：設備的順序號、設備的來源編號、設備的地址編號、設備所屬的部門等。在這些內容中，設備的順序編號是必須的，因為飯店裡一種設備的數量可能不只一臺，所以必須要透過順序號來區分同種設備中的各臺設備，使每臺設備都有一個獨立編號，其他的內容可以根據飯店管理的需要來確定。

設備的來源編號主要用來說明設備的產地，由於進口設備和國產設備在管理的內容和要求上的不同，所以可以透過設備的來源編號來反映設備的來源，以便分類管理。設備的地址編號是用來表示設備安裝在飯店的位置，這是出於全員設備管理的需要，並考慮到飯店設備分布廣泛的特徵。要對設備的地址進行編號首先要對飯店的所有工作單元進行地址編號，這樣才能實現設備的地址編號。在進行設備的地址編號時，要考慮到編號的規律性以及簡

單易懂的要求，例如，每個樓層都有工作間，可以用一個統一的編號來表示工作間，再用一個或兩個號碼來表示不同的樓層。設備所屬部門的編號是指設備屬於哪個部門管理或使用，這是出於部門設備管理的需要。在編制設備的所屬部門編號前，要對飯店的所有部門進行編號，根據管理的需要，編號不僅可以反映部門，還可以用來反映班組。上述所有的編號可以用數字來表示，也可以用字母來表示。設備的標號模式，如圖 5-8 所示。

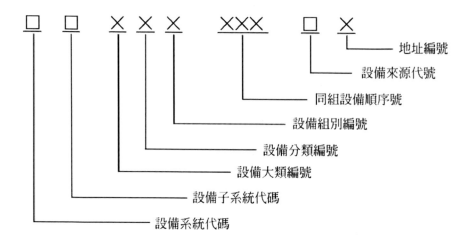

圖 5-8 設備分類編號目錄

4. 建立設備明細記錄表

設備明細記錄表相當於設備的總目錄。飯店設備管理中需要建立三套不同作用的設備明細記錄表：設備的系統明細記錄表、固定資產分類明細記錄表和設備使用明細記錄表。

設備的系統明細記錄表是用來反映各設備系統、系列的設備狀況而建立的設備明細記錄表，一般由工程部負責建立，設備的更替、設備系統的改造都可以透過系統明細記錄表來反映。設備系統明細記錄表如表 5-3 表示。

固定資產分類明細記錄表是由財務部門編制並使用的表單。固定資產分類明細記錄表按固定資產的分類編制，主要反映飯店固定資產的價值變動情況。因為固定資產每年都要折舊，所以固定資產分類明細記錄表每年都要進

行調整。有的飯店每個月都要提折舊,那麼固定資產分類明細記錄表應是每月調整的。這項工作如果要手工完成就會帶來很大的困難,而透過電腦來完成就比較容易。固定資產分類明細記錄表如表 5-4 所示。

設備使用明細記錄表是按各部門擁有的設備,根據不同的用途來編制的明細記錄表。設備的使用分類明細記錄表是由各部門自己編制的,用於各部門設備的管理和資產清點。設備使用分類明細記錄表可以採用固定資產分類明細記錄表的形式,也可以更簡單一些。

5. 設備卡片

設備卡片是最簡單的設備檔案,是設備資產的憑證。工程部、財務部和設備的使用部門都應該建立相應的卡片,卡片應和明細記錄表內容一一對應。

工程部設立設備的技術卡片,其內容主要是反映設備的基本技術參數和技術狀況的變動,並對設備各次修理維護工作進行摘錄。設備技術卡片如表 5-5 所示。

財務部設立設備的固定資產卡片,其內容主要反映設備的價值變動情況,包括設備的折舊方式、淨值等。固定資產卡片如表 5-6 所示。

飯店工程部以外的其他各部門要在部門內設置設備的使用卡片,該卡片記錄設備的主要參數和基本情況以及該設備的操作保養規程。其目的有兩個:一是設備使用部門瞭解本部門所使用的設備的狀況,便於設備的管理和清點;二是為設備操作培訓提供標準和資料。員工上崗應瞭解如何使用、維護設備,他們必須受到相關培訓,而設備使用卡片就成為培訓的良好教材。設備使用卡片如表 5-7 所示。

設備卡片的設置要求是簡潔、方便,能滿足管理的需要,卡片的內容應能夠相互對應。卡片應編號,以便於查找。如果進行電腦管理,所有的卡片可以菜單的形式來表現,這樣會非常方便而且可以看到更多的資訊,提高管理效率。文本式的卡片的資訊量畢竟有限,所以在設置時要注意簡潔、方便,以摘要的形式反映有關資訊。

6. 設備系統資料

飯店設備的系統性很強，設備系統的資料用來反映設備系統狀況。上述設備資料的建立都是以單臺設備為主，只有設備系統明細記錄表考慮了設備系統問題。事實上設備系統資料包含了各個系統的圖紙，給出了佈線、管道以及構築物等的資訊，這對設備管理非常重要，是針對飯店設備隱蔽安裝的特徵提出的要求。所以飯店要收集各系統的系統圖和有關施工單位的施工圖、竣工圖，建立設備系統資料。

7. 飯店的基建檔案

飯店工程部的管理職責包括對飯店實施的基建項目的管理。基建項目的施工狀況對後期的設備管理和維護有著密切的關係，所以，飯店的基建檔案的收集是飯店設備基本資料的主要內容。它主要包括：

①項目建議書、可行性研究報告、設計任務書、項目批覆文件、土地徵用及拆遷的有關文件和材料；

②設計招標文件、設計委託書；

③工程施工招標文件，工程施工合約、協議、公證書，建築施工許可證；

④環境影響報告書；

⑤圖紙會審記錄；

⑥開工報告、各種材料試驗記錄、構件出廠合格證；

⑦基建隱蔽工程檢查驗收記錄；

⑧設備安裝隱蔽工程檢查驗收記錄；

⑨設計變更聯繫單；

⑩工程變更聯繫單；

⑪工程協調會議記錄；

⑫工程預決算；

⑬技術資料質量評定、工程質量評定；

⑭竣工報告、竣工驗收記錄;

⑮項目質量評定表;

⑯建築施工圖、建築結構施工圖、水電施工圖等。

上述所有的資料收集或建立後都要進行歸檔。歸檔的要求和一般文件的歸檔要求相同。在歸檔的方法上,要注意設備的歸檔方法比較,可行的方法是以各設備和設備系統為單位進行。對重要設備應一臺設備建立一個檔案。普通設備可以一種設備建立一個檔案。設備的檔案編號可以單獨編制,也可以和設備編號聯繫在一起。

二、設備運行檔案的建立

設備檔案的管理是一個動態的過程,它是隨著設備的運行而逐漸發展和完善的,也就是設備檔案不僅包括前述的靜態資料,還包括在運行中產生的資料、數據的收集和歸檔,動態數據對管理更重要。設備運行的檔案應包括從設備的採購開始直至報廢為止的全過程。

(一)設備決策、採購檔案

在設備採購決策時首先由申購部門提出申請,填寫「設備購置申請單」,如表 5-8 所示。

透過「設備購置申請單」可以控制申購工作的進行,飯店應根據實際情況作出規定,對一定價值以上的設備需隨單附市場調研報告和設備投資回收報告。

在設備到貨後要對設備進行驗收,填寫「設備驗收單」,如表 5-9 所示。

設備驗收過程應形成設備驗收報告附在「設備驗收單」後,對驗收的各個環節進行詳細描述,內容包括:供應商情況,設備質量、備件、資料的情況,對設備採購合約、票據、價格等的核對。對驗收不合格的情況尤其要加以說明或採取照片等形式作為證據,並說明準備採取的索賠措施;在設備得到相關索賠後,仍需在報告後進行再驗收登記和說明。

（二）設備的安裝、調試和試運行

設備的安裝要編制安裝計劃。透過這份計劃控制設備安裝的全過程，內容包括對安裝質量的驗收和設備的調試記錄。飯店的大型設備都會有一個重要的安裝過程，需要編制安裝計劃。整個安裝過程應登記在「設備安裝驗收移交單」上，如表 5-10 所示。一般的設備則可能沒有一個明顯的安裝過程，只是擺放在一定位置後就能使用，這些設備就不一定要有安裝計劃，可以直接填寫「設備安裝記錄表」。

設備的試運行要有試運行記錄。試運行記錄可以直接在正式運行記錄的表單中填寫，為設備的維護保養提供依據。

（三）設備運行控制

在設備運行過程中要對設備運行狀況進行檢查，飯店需要建立設備巡檢制度，透過設備巡檢記錄來控制巡檢。巡檢記錄應根據不同的設備和場所分別設置，也可以根據不同班次分別設置，巡檢記錄要嚴格規範巡檢的時間、路線和內容，詳細說明需要巡檢的點和需要記錄的數據。表 5-11 是某飯店鍋爐巡檢記錄的一部分。

（四）設備的維修、保養

飯店工程部應制定設備的維修保養計劃，表 5-12 是某飯店的設備保養計劃表，計劃表應有年度計劃、月度計劃、周計劃、日計劃等不同的層次，下一級的計劃應是根據上一級計劃分解制定的。

當設備的維護保養工作能按計劃進行時，在計劃完成後就需要對維護保養狀況填寫「設備維修保養記錄單」，如表 5-13 所示。如果不能完成計劃任務，就要將計劃重新調整，把沒有完成的工作重新分配，編入工作計劃。當然，計劃的調整會帶來很多的書面工作，透過電腦管理會使這項工作變得容易。

除了計劃維修外，飯店還有大量的應急維修工作。為了使應急維修能順利進行，飯店一般採用報修的形式，由發現設備故障的部門填寫「設備報修單」，如表 5-14 所示，報工程部，工程部在接單後，安排維修工作，並對維

修工作進行驗收。透過「設備報修單」，可以確保維修的及時性，控制維修的質量和成本，分析設備損壞或故障的原因，並為設備的計劃維修提供依據。

當設備出現大的故障，按照飯店制定的設備故障分類標準可以確定為事故時，就需要填寫「設備事故報告單」，如表 5-15 所示。「設備事故報告單」用於分析設備事故的原因，以預防事故的再次發生。

當設備需要進行大修理時，需要填寫「設備大修理項目申請單」，如表 5-16 所示。設備大修理前要進行可行性分析。實施大修理要填寫實施報告，說明實施的步驟、時間、材料以及驗收等問題。驗收要填寫「設備驗收單」，如表 5-9 所示。

如果設備是委託專業公司維護保養的，需要進行合約管理，並對每一次的維護保養做好驗證記錄，驗證記錄填寫在「設備驗收單」上。

（五）設備的報廢

設備的報廢也是設備管理的一個重要環節，尤其是經營部門的設備管理。設備報廢需要填寫「設備報廢單」，如表 5-17 所示。「設備報廢單」用來確認報廢設備的技術、狀況是否滿足報廢的要求，並確認報廢的原因。根據「設備報廢單」可以對帳面進行及時的處理。

（六）能源統計分析

為了實施能源管理，要對能源進行統計分析，能源統計透過「能源使用統計表」來進行，如表 5-18 所示。在表中需要列出所有需要監測的點，說明記錄的時間，明確記錄責任人。

（七）設備管理檢查

飯店設備管理檢查工作在分管設備管理的領導的組織下以工程部為主，各有關部門管理人員或設備管理員一起參加。在實施檢查時應注意定期檢查和抽查相結合。定期檢查一般可以以週為單位進行，每一次的檢查可以只檢查部分部門，原則上每季度對飯店全部設備全面檢查一次。抽檢可以隨時進行，有效的辦法是與飯店的質量檢查結合在一起，並注意客人的投訴。

設備檢查的主要內容是對設備操作者的合理使用和定期維護保養的情況按照「四項要求」檢查評定。工程部應針對不同部門的不同設備制定具體的評分標準，表 5-19 是某飯店的動能動力設備檢查標準提綱。

表 5-1 設備登記表

登記日期：　　　　　　　　　　　　　　　　　　　　　編號：

設備名稱		設備編號		購置價		資產原值	
檔案號		品牌		製造廠名		折舊年限	
所屬系統		規格型號		購置憑證號		月折舊費	
出廠日期		功率（kW）		購置合同號		申購單號	
使用部門		安裝地點					

設備主要參數	參數名稱	參數	隨箱技術文件	文件名稱	頁數

附屬設備	名稱	規格（功率）	設備附件	名稱	規格	數量

	單位名稱	地址	聯繫人	聯繫電話
生產單位				
供貨單位				
安裝單位				
調試單位				
保修單位				

設備狀態	處理日期	審批人	憑證號	回收資金
在用□　租賃□ 報廢□　借用□ 封存□				

表 5-2 飯店設備統一分類編號目錄

大類	分類	組別	1	2	3	4	5	6	7	8	9	0
0 供配電及控制設備	0	發電機及變壓器	交流發電機組	直流發電機組	乾式變壓器	有載調壓乾式變壓器	油浸式變壓器	有載調壓油浸式變壓器				
	1	高壓配電設備	進線櫃	計量櫃	聯絡櫃	出線櫃						
	2	高配控制設備	操作屏	控制屏	訊號屏	直流屏	蓄電池櫃					
	3	低壓配電設備	進線櫃	聯絡櫃	出線櫃	發電櫃	電容櫃					
	4	配電控制設備	動力控制櫃	動力配電櫃	計量配電箱	照明配電箱	音響配電箱	組合插座箱				
	5	電源及整流設備	後備電源	不間斷電源	交流穩壓電源	直流穩壓電源	矽控整流器	蓄電池				
	6	組合照明設備	大型吊燈	中型吊燈	舞台追光燈	舞廳燈	電腦燈					
	7	舞台照明設備										
	8	電腦燈										
1 水暖空調設備	0	鍋爐	燃氣鍋爐	燃油鍋爐	燃煤鍋爐	油熱水鍋爐	電熱水鍋爐	蒸汽發生器				
	1	鍋爐附屬設備	離子交換器	軟水水箱	除氧器		分汽缸	分水器				
	2	熱交換設備	高效立式熱交換器	高效臥式熱交換器		容積式熱交換器		板式熱交換器		冷卻水水塔		
	3	中央空調電動式冷水機組	活塞式冷水機組	離心式冷水機組	螺桿式冷水機組	模組式冷水機組						
	4	中央空調熱力式冷水機組	蒸汽吸收式冷水機組	熱水吸收式冷水機組	直燃式冷水機組							

續表 5-2

大類	分類	組別	1	2	3	4	5	6	7	8	9	0
1 水暖空調設備	5	空氣處理設備	變風量空氣處理機	定風量空氣處理機		立式風機盤管	臥式風機盤管	全熱交換器				
	6	小型空調設備			櫃式空調機	窗式空調器	壁掛式空調器					
	7	空氣淨化設備	離子發生器	除濕器	空氣淨化器							
	8											
	9											
2 機械動力設備	1	泵	單級離心泵	多級離心泵	管道泵	潛水泵	恆壓泵浦				油泵	
	2	通風設備	軸流風機	離心風機	換氣扇			脫排油煙機	防爆風機	風幕		
	3	變速傳動設備	爐排變速箱	出渣機	曳引機			變速箱總成				
	4	垂直運送設備	觀光電梯	客梯	工作梯	貨梯	食梯	自動人行道	自動扶梯			
	5	交通運輸設備	大中型客車	麵包車	小轎車	貨車	行李車	冷藏車	油罐車			
	6	工程維修設備	車床	鑽床	套絲機	彎管機	壓力機	高空作業台	矽輪機	電焊機	烘箱	
	7	木工機械設備	木工車床	木工鋸床	刨床							
	8	電動工具	電錘	電鋸	電刨	電鑽	鉚釘槍		真空泵	空壓機		
	9	工作車	高空工作車	布草車	萬能工具車							
	0											

續表 5-2

大類	分類	組別	1	2	3	4	5	6	7	8	9	0
3 通訊訊息設備	1	程控電話設備	數字交換機	模擬交換機	話務臺	維修終端		多功能話機	普通話機	傳備機	傳真機	
	2	無線通訊設備	傳呼臺	無線發射機	BP機	無線電臺	對講機		手提電話		車載電話	
	3	電腦管理設備	小型機	終端	PC機		收銀機	帳單打印機	筆記型電腦	POS機	掃描儀	
	4	樓宇管理設備	網路控制器	網路終端	傳感器		溫控儀	手提檢測器				
	5	磁卡門鎖設備	製卡機	電子門鎖								
	6	電視監視設備	彩色攝像頭	黑白攝像機	畫面分割器	延時錄像機						
	7	消防報警設備	迴路盤	報警控制器	聯動控制屏	水流暗示器		煤氣報警器	廣播控制臺			
	8	保安服務設備	紅外線警報器	微型終端感應器	紅外線報警控制器	紅外線報警操作臺			報警式保險箱	普通保險箱		
	9	電氣測量儀器	場強儀	示波器	頻率計		萬用表	兆歐表	鉗型電流表			
	0											
4 影音訊號處理設備	1	節目源設備	FM/AM調頻器		激光唱機	錄音卡座	傳聲器	影碟機	放映機	VCD		
	2	放大控制設備	功率放大器	節目分配器	調音台	倒備切換機	監聽器	訊號分類處理機	音箱	喇叭		
	3	音頻處理設備	頻率均衡器	壓縮限制器	延時器	混音器	激勵器	點歌器				
	4	同聲傳譯設備	中央控制器	紅外線發射器	主席機	代表機	傳譯器	紅外線接收器	耳機			
	5	CATV設備	衛星接收天線	電視接收天線	衛星接收機	高頻頭	頻道傳換器	混合器	放大器	制式轉換器	發射機	

續表 5-2

大類	分類	組別	1	2	3	4	5	6	7	8	9	0
4 影音訊號處理設備	6	CCTV設備	攝像頭	萬象雲台	攝像控制器	多路切換機	畫面分割器	字符發生器	時間/日期發生器	長延時攝相機	指令切換機	操作盤
	7	節目製作設備	攝像機	錄像機	特技機	編輯機	電影電視轉換機	電腦成像機				
	8											
	9											
5 廚房設備	1	主食加工設備	和麵機	壓麵機	切麵機	麵團分割機	淘米機	包餃子機	磨豆漿機			
	2	肉食加工設備	絞肉機	切肉片機	切割機		攪拌機	鋸骨機	粉碎機			
	3	蔬菜加工設備	洗菜機	切菜機	切片機	球根剝皮機	切丁機	碎菜機	打蛋機	榨汁機		
	4	飲料加工設備	冰沙機	製冰機	冰淇淋機	果汁冷飲機	咖啡機	飲料製兌機	熱酒機	潤吧調理機	奶昔機	
	5	電熱爐具	電爐	電炸爐	電烤爐	電熱鍋	保溫箱	微波爐	電熱開水機	電磁爐	爆米花機	
	6	燃氣爐具	炒爐	油炸爐	烤爐	湯爐	蒸爐	快餐灶	燃氣開水機	烤乳豬爐		
	7	蒸汽炊具	蒸櫃	蒸飯車	蒸汽套鍋	燜燒鍋			蒸汽開水爐	醒發箱		
	8	冷藏冷凍設備	冷藏庫	活動冷庫	立式冰櫃	台式冰櫃	冰箱	立式陳列櫃	橫式陳列櫃		冰淇淋櫃	
	9	食品運送車	煎炸車	早茶粥車	保溫餐車	湯粉車	熟食車	點心車		酒水車		
	0	啤酒加工設備	糖化罐	過濾槽	發酵罐	過濾機	貯酒罐	磨麥機				

續表 5-2

大類	分類	組別	1	2	3	4	5	6	7	8	9	0
6 洗衣清潔消毒設備	1	洗衣設備	乾洗機	全自動洗衣機		普通洗衣機	工業洗衣機	脫水機		烘乾機		
	2	熨燙設備	大燙機	人形整燙機	萬能夾機	工衣夾機	真空燙台		特型夾機		手工熨斗	
	3	洗衣輔助設備	折疊機	打標機	去漬機		縫紉機	拷邊機				
	4	吸塵吸水設備	吸塵器	直立式吸塵器	肩背式吸塵器	乾濕兩用吸塵器	抽洗式地毯清洗器		乾泡洗沙發器			
	5	地面清潔設備	拖地機	多功能洗地機		電子打泡機	清潔打磨機	打蠟機	掃地機			
	6	其他清潔設備	打蠟機	地毯風乾機	撒粉機	乾洗清潔機	高壓射水機		擦窗機			
	7											
	8	餐具清潔設備	洗碗機		洗杯機	容器清洗機	銀器拋光機					
	9	清潔消毒設備		電子消毒櫃	蒸汽消毒櫃	紫外線消毒櫃	紫外線燈		毛巾保溫機			
	0											
7 健身娛樂美容設備	1	健身設備	登山機	組合健身器	跑步器	室內自行車	單項健身器	划船器	滑雪運器	按摩機	體能測試儀	
	2	保齡球設備	排瓶機	回球機		電腦計分器	犯規警告器					
	3	桑拿浴設備	桑拿爐	按摩浴池	三溫暖							
	4	電子遊戲設備										
	5	休閒設備	撞球桌	自動麻將桌		模擬高爾夫球機						

續表 5-2

大類	分類	組別	1	2	3	4	5	6	7	8	9	0
7 健身娛樂美容設備	6	樂器	鋼琴	電子琴	手風琴	提琴	電吉他	爵士鼓				
	7	美容美髮設備	理髮椅	吊臂焗油機	面膜機	拉皮去斑機	洗頭椅	大吹風	離子噴霧機	美容椅		
	8	醫療保健設備										
	9	游泳池設備										
	0											
8 其他設備	0	消防設備	高倍泡沫產生器	1301滅火器	1211滅火器		泡沫滅火器	乾粉滅火器	CO_2滅火器			
	1	水處理設備	活性碳過濾器	沙過濾器	紫外線消毒器		淨水器					
	2	環保設備		除塵器	餐排油煙機	消音機	水錘吸收器					
	3	儲水儲油設備	蓄水池	氣壓水箱	水箱			儲油罐	日用油罐			
	4	高壓容器	液化石油氣瓶	氧氣瓶	乙炔瓶							
	5	辦公設備	印表機	複印機	碎紙機		照相機		驗鈔機	打卡機		
	6	演示設備	電腦投影機	幻燈機	幻燈投影儀							
	7	印刷設備	平板膠印機	凸版印刷機	名片機	燙金機	裝訂機					
	8	彩擴設備	膠捲沖洗機		彩色擴印機	放大機						
	9											

續表 5-2

大類	分類	組別	1	2	3	4	5	6	7	8	9	0
9 家 具	0	桌子	經理桌	辦公桌	電腦桌	大圓桌	圓桌	方、圓桌	西餐桌	組合桌	客房辦公桌	大/小會議桌
	1	椅子	轉椅	折椅	安樂椅				輪椅			
	2	沙發	組合沙發	三人沙發	雙人沙發	單人沙發						
	3	茶几、小桌	小方桌	小圓桌		茶几						
	4	箱、櫃、架	壁櫃	貨櫃	陳列櫃	文件櫃			行李架	衣架	花架	保齡球架
	5	床	雙人床		單人床				按摩床	美容床		
	6	不鏽鋼家具										
	7	地毯										
	8											
	9	建築物										

表 5-3 設備系統分類明細記錄表

部門/系統：　　　　　　　　　　　　　　　　　　　　　　　第　頁　共　頁

序號	設備編號	設備名稱	規格型號	數量	單位	設備原值	安裝地點	卡片編號	備註
1									
2									
3									
4									
5									
6									
7									
8									
9									
10									
11									
12									
13									
14									
15									
16									
17									
18									
19									
20									

填表日期：　年　月　日

表 5-4 固定資產分類明細記錄表

第 頁 共 頁

代碼	記帳憑證			資產編號	設備名稱	型號	標準規格	重量(kg)	製造廠	出廠編號	出廠年月	始用年月	使用年限	電動機		資產值（元）			年折舊率	移動及使用部門登記		
	來源	驗收單號	日期											數量	千瓦	資金來源	購置原值	總金額		部門/年月	部門/年月	部門/年月

表 5-5 設備技術卡片

系統　　　　　　　　　　　　　　　　　　　　　　　　　　　　　　　　　　編號

設備編號		製造廠名		型號規格		使用日期	
設備名稱		出廠日期		額定功率	kW		

主要技術參數：	安裝地點	附屬設備、附件		
	工作環境	名稱	規格	數量

維修紀錄（中修、大修）									
日期	修理類別	承修單位（人）	修理費	備 註	日期	修理類別	承修單位（人）	修理費	備 註

重大事故紀錄			
日期	事故性質	機損情況	處理情況

處理、報壞紀錄				內部轉移紀錄			
處理日期	處理方式	憑證號	經手人	日期	調入部門	調出部門	憑證號

表 5-6 固定資產卡片

固定資產名稱		固定資產編號		固定資產來源	
製造廠名		出廠日期		規格型號	
投產日期		計量單位		安裝地點	
原值		其中：安裝費			

附屬設備				價值變動紀錄				
名稱規格	數量	單位	金額	日期	憑證	摘要	增或減金額	變動後金額

核定折舊率	估計清理費用			月折舊率	月折舊額	年折舊率	年折舊額
	開始使用日期	已使用年數					
	全部使用日期	尚可使用年限					

內部轉移紀錄			不提折舊的月份紀錄										
日期	轉出部門	轉入部門	年月	年月	年月	年月	年月	年月	年月	年月	年月	年月	年月

			調撥、報廢、清理紀錄						
			日期	資產原值	累計折舊金額	清理費用	變價收入	保險賠款	清理金額

大修理紀錄	
停用封存紀錄	

表 5-7 設備使用卡片

使用部門：　　　　　　　　　　　　　　　　　　　　編號：

設備編號		製造廠名		設備名稱	
出廠編號		型號規格		使用日期	
主要技術參數：				資產原值	
				折舊年限	
				安裝地點	
				改備數量	

故障及維修紀錄				
日期	故障原因	維修方式	維修費	備註

內部轉移、處理、報廢處理				
日期	調入部門	經手人	調出/處理部門	經手人

操作（使用）規程：

維護保養規程：

表 5-8 設備購置申請表

年　　月　　日

設備名稱		購置數量	
型號規格		時間要求	

申購理由：

市場調研報告（可選廠家，技術性能狀況，參考價格）

申購部門負責人：　　　月　　日

工程部意見：	財務部意見：	領導批示：
月　　日	月　　日	月　　日

本表一式三份：申購部門、工程部、財務部各一份，原件存申購部門。

表 5-9 設備驗收單

驗收日期：　　　　　　　　年　　月　　日　　　　　　編號：

設備名稱		型號規格		使用部門	
製造單位		出廠編號		出廠日期	
交貨日期		設備數量		箱　　數	
體　　積		重　　量		主要動力	

檢查 情況					
主要 附件					

技術資料	驗收人簽字
1.使用說明書　　　本 2.裝箱單　　　　　份 3.產品合格證　　　份 4.安裝圖　　　　　份 5.其他　　　　　　份	採購部
	工程部
	使用部門
	檔案室

表 5-10 設備安裝驗收移交單

設備系統：　　　　　　　　　　　　　　　　　　　　　　　編號：

設備名稱		設備編號		驗收日期	
安裝地點		安裝方式			
相關單位	單位名稱	通訊地址		聯繫人	聯繫電話
生產單位					
供貨單位					
安裝單位					
調試單位					
保修單位					
驗收技術部門					

設備安裝基本狀況：	接收的技術文件	
	1.	共　頁
	2.	共　頁
	3.	共　頁
	4.	共　頁

驗收紀錄：
紀錄：　　年　　月　　日

驗收意見：
驗收組負責人：　　年　　月　　日

技術部門	安裝部門	使用部門	工程部	資料員

表 5-11 ＧＢ鍋爐日常點檢表

序號	檢查項目	檢查內容及標準	日			日			日			日			日			日			日		
			夜	日	中	夜	日	中	夜	日	中	夜	日	中	夜	日	中	夜	日	中	夜	日	中
1	水位表	無漏汽、漏水、水位表清晰正常																					
2	安全閥	鉛封是否完好																					
3		無洩漏，動作可靠																					
4	壓力表	在校驗週期內使用無洩漏																					
5		最高工作壓力指標正確清晰																					
6	排汙系統	是否有內外洩漏																					
7	鼓風機	運行正常，無雜音																					
8		油氣櫃油位正常																					
9	給水泵	軸封滴水不超過20滴/分																					
10		潤滑良好，運行正常無雜音																					
11	油泵　供油	運行正常無雜音																					
12	輸油	軸封無洩漏																					
13	供（輸）油路系統	油路暢通，無洩漏，無堵塞																					
14		過濾器是否堵塞																					
15		電（蒸汽）加熱器是否正常																					
16		油槍是否堵塞																					
17	程序控制系統	電腦工作正常，訊號顯示正確																					
18		各種故障訊號顯示正確，靈敏可靠																					
19		各種聯鎖保護正確，靈敏可靠																					
20	蒸汽管網系統	無跑、冒、滴、漏現象，保溫層完好																					
21		各閥開關靈活、無洩漏																					
22	備註																						

表 5-12 年設備維修計劃表（部分）

部門：工程部

	一月	二月	三月	四月	五月	六月	七月	八月	九月	十月	十一月	十二月
高壓配電櫃	每日進行例行檢查			3"變壓器退出運行					高壓年檢電機試壓		3"變壓器替換運行	
變壓器	配合停電例行檢查維護保養				配合停電例行檢查維護保養				全面檢查測試			
低壓配電櫃	電氣檢修	機械機構維護保養	ATS盤轉換維護	維護1-8櫃	ATS盤轉換	檢測分配電櫃線路	ATS盤維護	9-17櫃維護	ATS盤轉換維護	1-17櫃維護保養	ATS盤轉換維護	檢測配電櫃線路
柴油發電機組	每週啟動一次，運行5分鐘		清洗空氣、燃油、機油過濾器		日用油箱、輔助設備維護保養		機房大掃除		清洗空氣、燃油、機油過濾器		日用油箱、輔助設備維護保養	
鍋爐本體			清掃煙管機械自檢	請鍋檢所檢查								
分汽缸				請鍋檢所檢查								
熱交換器						年度檢查						
製冷機組		主機年檢	電器檢查		主機檢漏	電器檢查		主機檢漏	電器檢查		主機檢漏	電器檢查
水泵		清洗過濾器	電器檢查	水泵年檢	清洗過濾器			清洗過濾器		電器檢查	清洗過濾器	
冷卻塔			電器檢查	清洗散熱片、接水盤				清洗接水盤		電器檢查		檢查傳動機構、加油

續表 5-12

	一月	二月	三月	四月	五月	六月	七月	八月	九月	十月	十一月	十二月
風機及風管	檢查風機、傳動機構		清洗翅片	電氣檢查防火閥檢查		清洗翅片	檢查管道機械狀況	檢查調節閥	清洗翅片	電氣檢查防火閥檢查	保溫層檢修	清洗翅片
風機盤管	清洗翅片(7-10層)	清洗翅片(11-15層)	清洗裙房翅片	控制系統檢查	機械檢查					機械檢查	控制系統檢查	
電梯	每月檢查一次	檢查轎廂內應急照明	檢查轎廂電鈴、電話		檢查消防緊急按鈕			轎廂內電扇維護保養	檢查消防緊急按鈕			轎廂內電扇維護保養
消防總、分控屏	屏內吸塵電氣檢查接線檢查	警報功能聯動測試	警報功能聯動測試	警報功能聯動測試			屏內吸塵電氣檢查接線檢查	警報功能聯動測試	警報功能聯動測試	警報功能聯動測試		

表 5-13 設備維修保養（中修、大修）記錄單

第　　頁

設備名稱		設備編號		安裝地點	
上次修理日期		修理類別		維修單編號	

故障/使用狀況：			
設備責任人：　　　年　　　月　　　日			
維修紀錄：		故障原因	
		實用材料、零配件	
填寫位置不夠時，請填寫在「附頁」內。		維修類別	
		維修工種	
		維修工時	
		維修費用	
維修時間　　日：時起至　　日：時止		部門負責人	
驗收結論：		設備負責人	
		維修負責人	
驗收員：　　　年　　　月　　　日		維修人	

表 5-14 設備報修單

申請部門		日期		維修地點	
設備故障狀況：					
					簽名：
收單時間		維修工		計劃維修時間	
維修材料	數量	價格	實際維修時間		工種
			維修故障原因分析及處理狀況：		
驗證結果：					
			驗證人：	日期：	

表 5-15 設備事故報告單

部門（班組）： 編號：

設備名稱		設備編號		責任者	
事故時間		年　月　日 時　　分		事故地點	
直接損失費	元	間接損失費	元	事故性質	
事故經過					
損壞程度					
防範措施					
部門分析處理意見					
	部門負責人：　　年　月　日				

工程部意見		部門主管批示	
	簽字：　　月　日		簽字：　　月　日

表 5-16 設備大修理項目申請表

部門：　　　　　　　　　　　　　　　　　　　　　　　　　　編號：

設備編號		設備名稱		型號規格	
使用年限		設備原值		現　值	
計劃開工日期	起至			大修理費用	

申請理由及存在的問題：

　　　　　　　　　　　　　　　　　　　　　　部門設備員：　　操作員：　月　日

主要技術指標及複查意見：

　　　　　　　　　　　　　　　　　　　　　　　　技術主管：　　月　　日

工程部意見：	總經理審批：
簽字：　　　月　日	月　日

本表一式二份：工程部、使用部門各一份。

表 5-17 設備報廢單

填報部門：　　　　　　　　　　填報日期：　　年　　月　　日

代　碼		經濟壽命		年	折舊率		%
設備編號		已使用年限					
設備名稱		已大修理	次	累計大修理費			元
型　號		原　值					元
規　格		淨　值					元
製造廠		報廢後估計清理費					元
出廠年月		估計可回收殘額					元

飯店鑑定意見	設備現狀及報廢原因	
	工程部鑑定意見	
	設備報廢後處理意見	
	飯店主管經理審批意見	
上級管理部門審批意見		

清理費用				殘值收入					
日期	憑證號	費用項目	金額	日期	憑證號	費用項目	數量	單價	金額

本單一式三份：使用部門、工程部、財務部各一份。

表 5-18 能源使用統計表

部 門：

序號	監測點	監測時間	讀數	使用量
合計 （標準煤）				

表 5-19 動力動能設備維護保養檢查標準

項目	檢查內容	得分
整齊 20 分	1. 工具、附件放在指定地點、整齊有序。 2. 設備的油、氣、水管路完整牢固，不漏油、漏水、漏氣。 3. 設備零部件齊全、完好。 4.各安全防護裝置、操縱控制裝置完整、靈敏、可靠。	4 6 6 4
清潔 20 分	1. 設備外觀整潔，無油污，呈現本色。 2. 各運動部件表面無油黑及鏽蝕。 3. 設備四周清潔，無積油、積水，無堆積物及氧化皮。	7 7 6
潤滑 30 分	1. 有設備潤滑卡片，按規定要求加油。 2. 操作者熟悉規定的潤滑部位、油孔數及油質、油量。 3. 潤滑系統完整，保證內外清潔，油路暢通。 4.油箱(池)有油，油線齊全，放置合理，定期清洗。 5. 潤滑用具齊全好用。	6 7 7 5 5
安全 10 分	1. 實行定人、定機，有操作證。 2. 有操作維護規程，遵照執行，不違章使用。 3. 有交接班簿(多班制)，並認真執行和填寫。 4. 安全閥及各種訊號裝置齊全、靈敏、可靠。 5. 堅持執行日常檢查，遵守使用設備的「五項紀律」。	8 6 5 5 6

註：100 分為滿分，90 分為合格。

本章小結

設備管理體系是飯店管理體系的重要組成部分，是實現設備管理目標的保障。本章主要探討了設備管理體系的建立，包括體系的構成、組織機構、職責權限、崗位職責、制度規範、資料庫等，同時還介紹了如何利用電腦網路系統實施飯店設備管理。

思考與練習

1. 選擇一家三星級飯店，調查其設備設施的規模，討論該飯店的設備管理應採取怎樣的組織結構模式。

2. 調查一家飯店的客房部，瞭解該部門設備管理的制度要求，試對該制度的有效性進行評價。

國家圖書館出版品預行編目（CIP）資料

飯店設備管理 / 陸諍嵐編著 . -- 第二版 . -- 臺北市：崧博出
版：崧燁文化發行，2019.03

面；　公分
POD 版
ISBN 978-957-735-695-6(平裝)

1. 旅館業管理 2. 設備管理

489.2   108002144

書　　名：飯店設備管理

作　　者：陸諍嵐編著

發 行 人：黃振庭

出 版 者：崧博出版事業有限公司

發 行 者：崧燁文化事業有限公司

E - m a i l：sonbookservice@gmail.com

粉 絲 頁：　　　　　　網 址：

地　　址：台北市中正區重慶南路一段六十一號八樓 815 室

8F.-815, No.61, Sec. 1, Chongqing S. Rd., Zhongzheng

Dist., Taipei City 100, Taiwan (R.O.C.)

電　　話：(02)2370-3310 傳　真：(02) 2370-3210

總 經 銷：紅螞蟻圖書有限公司

地　　址：台北市內湖區舊宗路二段 121 巷 19 號

電　　話:02-2795-3656 傳真 :02-2795-4100　　網址：

印　　刷：京峯彩色印刷有限公司（京峰數位）

　　本書版權為旅遊教育出版社所有授權崧博出版事業股份有限公司獨家發行電子
書及繁體書繁體字版。若有其他相關權利及授權需求請與本公司聯繫。

定　　價：500 元

發行日期：2019 年 03 月第二版

◎ 本書以 POD 印製發行